管理大数据 RBD
从CI、BI到AI

中源数聚（北京）信息科技有限公司　　　著

RBD

The Revolution of
Management Consulting

中国财富出版社

图书在版编目（CIP）数据

管理大数据 RBD：从 CI、BI 到 AI／中源数聚（北京）信息科技有限公司著 . —北京：中国财富出版社，2017.7

ISBN 978 - 7 - 5047 - 6569 - 7

Ⅰ.①管… Ⅱ.①中… Ⅲ.①数据处理—研究 Ⅳ.①TP274

中国版本图书馆 CIP 数据核字（2017）第 192362 号

策划编辑	谢晓绚	**责任编辑**	张冬梅 俞 然		
责任印制	方朋远	**责任校对**	胡世勋 张营营	**责任发行**	董 倩

出版发行	中国财富出版社	
社　　址	北京市丰台区南四环西路 188 号 5 区 20 楼	**邮政编码** 100070
电　　话	010 - 52227588 转 2048/2028（发行部）	010 - 52227588 转 307（总编室）
	010 - 68589540（读者服务部）	010 - 52227588 转 305（质检部）
网　　址	http：//www.cfpress.com.cn	
经　　销	新华书店	
印　　刷	北京京都六环印刷厂	
书　　号	ISBN 978 - 7 - 5047 - 6569 - 7/TP·0100	
开　　本	710mm×1000mm　1/16	**版　　次** 2017 年 9 月第 1 版
印　　张	14.5	**印　　次** 2017 年 9 月第 1 次印刷
字　　数	193 千字	**定　　价** 39.80 元

编　委　会

推荐序一

　　仁达方略的新作《管理大数据 RBD：从 CI、BI 到 AI》即将出版，作为仁达方略的管理大数据战略合作伙伴，我非常高兴能看到管理大数据的理论研究成果，也非常期待能够与其共同打造融合管理大数据和 AI 技术的管理咨询产品。

　　任何一家企业，不管在哪个发展阶段都需要管理咨询服务。在中国，很多创业者都是摸着石头过河，许多大中型企业也普遍存在管理问题，这些企业都需要管理咨询服务。然而，管理咨询行业里的智者既少且忙，各个行业内能够给企业"望闻问切"并指明出路的专家更是少之又少。因而，企业接受一次管理咨询服务的费用是非常高的，很多企业，尤其是创业企业要拿出百万、千万元级的管理咨询费用非常困难，它们急需一个能够与其需求和预算相对等的管理咨询产品。

　　仁达方略提出"管理大数据"的理念和思维深深触动了我，管理大数据将用大数据能力颠覆管理咨询业。管理大数据用开放共享的互联网模式打通数据孤岛，真正实现跨企业的异构数据共享，这相当于把中医的资深专家的诊断资源通过大数据技术实现信息化，以自动化、流水线的形式为"患者"提供服务。这不仅能够实现传统咨询行业的转型升级，而且能够帮助更多的企业实现管理升级。管理大数据可有效激活中小企业对管理咨询业务的潜在需求，降低管理咨询的成本和准入门槛，使高端咨询下垂到中小微企业及个人，将数据价值转换为管理价值和经济价值，这也是中科点击选择为管理大数据产品提供技术支撑的价值共识。

从客户智能到商业智能再到人工智能，数据伴随着技术进步，在企业的经营管理过程中发挥着越来越重要的作用。本书详细阐述了什么是管理大数据，管理大数据能够提供怎样的产品和服务，管理大数据的应用场景和价值，如何将管理大数据与人工智能相融合等极具创造性的内容。管理大数据平台的"管理舆情""管理风控""管理洞察""管理模型""知识图谱""标签体系""环境管理"七大产品与"数聚""数略""数 I""棱镜""数 E"五大业务线完美匹配，为客户提供标准化和定制化的大数据处理和管理咨询服务，最终发展成为开放性的平台。

阅读此书，读者能够全面理解管理大数据的理念和思维，并将被智能咨询的宏伟蓝图所打动。未来，数据将是新经济时代的生产要素，管理大数据的成果如果能够应用到多数企业，必将会成为非常伟大的产品系列。在管理大数据平台的探索和开创之际，我衷心地祝愿高端咨询能进入人人都用得起的时代。

中国软件行业协会大数据应用分会秘书长　彭作文

推荐序二

　　随着云计算、移动互联网和物联网等新一代信息技术的创新和应用普及，社会信息化、企业信息化日趋成熟，社会化网络逐渐兴起，传感设备、移动终端正在越来越多地接入网络，各种统计数据、交易数据、交互数据和传感数据正在源源不断地从各行各业迅速生成，全球数据的增长速度之快前所未有，数据类型也变得越来越多。种类广泛、数量庞大、产生和更新速度加剧的大数据蕴含着前所未有的社会价值和商业价值，发展潜力十分巨大。

　　在未来3~5年，我们将会看到那些真正理解大数据并能利用大数据进行价值挖掘的企业和不懂得大数据价值挖掘企业之间的差距。真正能够利用好大数据，并将其价值转化成生产力的企业必将具备强有力的竞争优势，从而成为行业的领导者。

　　企业积累的海量数据复杂繁冗，甚至包含垃圾信息，使用传统技术无法有效分辨利用。而大数据、云计算等可以挖掘数据的重要价值。仁达方略拥有二十年的管理咨询经验及海量管理数据积累，随着旗下大数据公司中源数聚的发展，在管理大数据领域有了诸多探索和突破。全球首创的管理大数据（RBD）概念完整构建了相关模型和数据体系，将通过"互联网＋人工智能＋管理大数据"的平台模式，彻底解构、升级现有的管理咨询模式，并帮助更多企业实现对管理数据资产的管控和价值挖掘。

智能化的客户管理能够高效率地识别、满足客户需求，不断提升客户满意度，及时挽留老客户，实现企业价值最大化。商业智能的本质在于将企业各业务系统的数据转化为信息和知识，为企业提供数据集成、信息展示、运营分析和战略决策支持等服务。管理大数据将人工智能引入管理咨询，将相关理论与模型与机器学习等先进技术相结合，建立模型，改变了原来由人工执行任务的重复性工作流程，使原先那些耗时的手工作业，以更低的成本和更快的速度实现自动化。管理咨询进入了人机交互的新时代。

《管理大数据 RBD：从 CI、BI 到 AI》一书从客户智能入手，详细阐述了大数据在企业的应用历程。其围绕大数据时代背景下企业管理变革展开讨论，引用了大量管理大数据在企业管理中的应用案例，这对于正处于求新求变征途中的中国企业具有实践上的参考价值。

相信本书能帮助企业界全面解读管理大数据，激发出企业发展的新动力。书中包含生动的应用案例，希望能给读者带来一次轻松愉悦，又能启发思考的阅读体验。

中国人民大学商学院副教授　牛海鹏

自 序

管理大数据将深刻改变社会

现代企业的发展，越来越注重经营和管理的平衡，一直以来，重经营轻管理是我们企业的通病，管理始终是企业致命的弱项之一。造成这种情况的根源在于一方面我们缺乏对企业管理的实证研究，另一方面企业也缺乏对管理经验和数据的积累。因为管理失误带来的企业经营问题和发展问题层出不穷，而且经常是一犯再犯，不同的企业总在同一个地方摔跟头，甚至同一个企业在一个地方摔倒两次……

"十二五"以来，面对经济全球化，企业要适应新常态，要转型升级，要提质增效等，我们的企业开始修炼内功，开始真正重视管理。现代企业之所以现代，一定是它要有新的思维方式，遵循符合时代要求的逻辑规律；它要适应移动互联时代的发展特征，甚至包含对现代人群行为模式的适应，建立现代企业制度，具有全球视野，具有系统能力，这才能称为现代企业。

"大数据"现在红得发紫，热得烫手！事物的存在一定是有逻辑的，它之所以热、之所以红，一定是有人发现了它的价值，特别是它在企业经营管理里面的价值。大数据可以解构原来的管理体系，颠覆传统的管理模式。但是大数据理念的建立，大数据的形成、采集、积累和发展又是大家共同面临的难题。

在管理域，不单指企业管理，各类组织和个人普遍都没有积累管理数据的意识。比如很多企业推行六西格玛管理，但国内几乎没有任何一家企业能够真正落实六西格玛管理——因为六西格玛管理需要非常强大的管理数据作为基础，而我们恰恰在这方面是短板。另一方面，在实际的工作中，企业也极少把管理数据作为资产进行积累。虽然企业有许多经验做法，但都没有积累相关的管理数据。比如很多企业在做安全管理，每年也都评奖，但是安全管理大数据没有积累起来，没有形成数据资产，也就无法共享，企业之间无法借鉴，安全管理水平就有很大波动。

在移动互联时代，各类组织沉淀了海量的管理数据，但组织本身并没有分享到数据红利。比如很多企业往往需要花费几十万元甚至几百上千万元的咨询费用来解决企业的管理问题，实际上，如果有管理大数据作为支撑，几千元、几万元就可以解决问题，因为咨询顾问也只是利用企业自身或其他企业的管理数据，结合自身经验，将方法论应用到企业实践中而已。这里的核心是管理数据，而不是顾问。企业往往急功近利，老想用什么灵丹妙药一招制胜，但是在管理域根本不存在这种东西，还是需要踏踏实实地积累数据。这不仅需要观念跟得上，更需要各方面实打实地投入。

基于对时代趋势的把握，基于对管理的理解，更是基于我们过往的经验，仁达方略借上市公司（股票代码：870311）的平台，投资中源数聚（北京）信息科技有限公司，横空出世般创立并运营管理大数据业务。管理大数据一经公布，立刻引起社会各方面的积极响应。包括贵阳大数据交易所、各地政府机构和专项办公室，以及众多知名集团企业都与我们建立了联系，专业的市场机构也与我们建立了数据合作，希望共同将管理大数据事业快速发展起来，让管理领域的组织和个人都能分享数据红利，让整个中国的经营域和管理域能在大数据的浪潮下傲立潮头，引领全球方向。实现这一宏伟目标，单靠中源数聚一家是远远不够的，需要全社会的力量以各种形式参与进来。我们也保有开放的心态，欢迎全社会的力量共同参与，为管理大数据的发展献策献力，同时也与同行业伙伴们分享管理大数据成长的喜悦。

基于以上愿望，我们出版这样一本图书，希望通过它扩大管理大数据的影响，宣传中源数聚所秉承的宗旨，也传播我们的理念，携手社会各界一起为企业发展、经济发展、社会发展和人类发展出力，一起为"中国梦"的实现出力，一起为中华民族的伟大复兴出力。

北京正值盛夏，骄阳似火，热浪袭人。公司窗外，美丽的昆玉河边布满了五颜六色的共享单车，它们已经成为这座古城靓丽的风景，集合了传统与现代，贯通了线上与线下，深刻地改变着社会各个方面。不久的将来，管理大数据将会更深刻地改变组织、改变经济模式、改变人。

祝大家夏天顺爽！

北京仁达方略管理咨询股份有限公司董事长　王吉鹏

前　言

管理大数据，从量变到质变

大数据是继云计算、物联网和移动互联网之后的新一代信息技术革命制高点，已经成为当今各领域重要的基础性战略资源，正在深刻改变着商业生态和企业竞争模式。2017 年年初，中华人民共和国工业和信息化部正式下发了《大数据产业发展规划（2016—2020 年）》，全面部署"十三五"时期的大数据产业发展工作，加快建设数据强国，为建设制造强国和网络强国提供强大的产业支撑。预计到 2020 年，中国大数据产业市场规模将达到 8228.81 亿元。

大数据为各行各业提供了机会

大数据时代已经全面来临，各大产业＋大数据的创新、大数据服务产业及数据产业本身正成为以指数速度翻红的蓝海。大数据的深度应用不仅影响到人们生活的方方面面，更能引领社会治理的全面创新和各行各业的革新式发展。对于各个企业来说，传统业务能否拥抱大数据已经成为企业发展转型的战略关键。

大数据在企业中的应用不是一蹴而就的，而是经历了从客户智能（CI）到商业智能（BI），再到人工智能（AI）的发展历程。在此过程中，大数据的应用范围越来越广，智能化和集成化越来越突出，商业价值越来越大。

客户智能是创新和使用客户知识，帮助企业提高和优化客户关系的决策能力和整体运营能力的概念、过程及软件的集合。客户智能将大数据挖掘和分析能力应用于客户关系管理，大数据的应用范围局限于企业的某个部门。

商业智能的本质在于将企业各业务系统的数据转化为信息和知识，为企业提供数据集成、信息展示、运营分析和战略决策支持等服务。商业智能的实现过程是将数据转化为信息和知识，将信息和知识用于企业经营决策和产生直接经济效益的过程。商业智能的大数据挖掘、分析和应用涉及企业的各个业务部门，具有系统性和集成性。

人工智能是包括深度学习、专家系统、人工神经网络、机器视觉、自然语言处理、机器人、人工智能应用等在内的庞杂知识和技术体系，正被广泛应用于生产制造、金融、电商零售、医疗健康、安防、教育、自动驾驶等领域。人工智能的产品开发与产业发展正处于爆发期，大数据是人工智能的基础，大数据的广泛应用将带来巨大的商业价值。

人类正在从 IT（信息技术）时代走向 DT（数据处理技术）时代，大数据不仅成为新经济的生产资料，更为传统管理咨询在 DT 时代的转型升级提供了基础。传统管理咨询往往依靠咨询公司多年的咨询经验和对客户企业的调研分析提出解决方案，具有很大的主观性和实施风险。在 DT 时代，管理咨询不仅能够挖掘并分析来自企业、行业、政府、第三方数据源、互联网等多渠道的数据，为管理咨询项目提供大数据支撑，还能够利用 AI 等先进技术开展咨询，降低数据共享成本和管理咨询成本。传统管理咨询将更加智能化、个性化、专业化和小型化。

大数据的应用之路经历了从量变到质变的过程，继客户智能、商业智能和人工智能之后，中源数聚（北京）信息科技有限公司（以下简称"中源数聚"）提出了"管理大数据（RBD）"的概念并完整构建了相关模型和数据体系，聚焦管理领域的海量数据，进行多源异构和互联网低密度价值中的高价值萃取，并提出了管理大数据与人工智能相结合的 AI 咨询发展模式，实现咨询业的半自动化和自动化。

管理大数据的管理价值和经济价值

中源数聚将自身定位于运用大数据和互联网思维为传统咨询业做产业升级，通过"互联网＋人工智能＋管理大数据"的平台模式，彻底解构、升级现有的管理咨询模式，并帮助更多企业实现对管理数据资产的管控和价值挖掘。

中源数聚的管理大数据平台将用开放共享的互联网模式打通数据孤岛，真正实现跨企业的异构数据共享，构建大数据生态体系，将数据价值转换成管理价值与经济价值，不仅能够实现传统咨询行业的转型升级，也能帮助更多企业实现组织变革、产业转型升级和供给侧改革。

中源数聚是北京仁达方略管理咨询股份有限公司（以下简称"仁达方略"）的子公司。仁达方略是国内领先的大型管理研究与咨询机构，成立近 20 年来，已为超过 1400 家大企业大集团提供过专业的管理咨询与培训服务，在企业转型升级、兼并重组、战略规划、组织变革等领域创建了诸多引领性的管理理论与方法，积累了大量的企业管理数据，涵盖发展战略、法人治理、集团管控、流程与组织、人力资源管理、风险控制、企业文化等多个领域。中源数聚依托仁达方略的管理数据资源，以及互联网、行业协会、政府主管部门、专家学者、咨询师、高校、券商、投行、咨询同行、企业、合作站点和数据公司等诸多数据来源渠道，已经打造起堪称全球最大的管理数据仓库，并积累了丰富的管理大数据应用经验。

中源数聚拥有大数据处理平台、AI 咨询和交易型网站三大业务支持系统，以及研究中心、专家会客室、青藤俱乐部和管理大数据平台四类平台，将围绕战略、组织、管控、企业文化、人力资源、营销六大管理模块，发挥管理大数据的管理价值和经济价值。中源数聚将通过云计算、大数据＋算法、区块链等技术对获取到的"海量"管理数据进行系统分析和处理，为客户提供标准化和定制化的大数据处理和管理咨询服务，使管理咨询业务具有小型化、专业化、个性化和智能化的特征。

管理大数据可有效激活中小型企业对管理咨询业务的潜在需求，降低管理咨询的成本和准入门槛，使高端咨询深入到中小微型企业及个人，让高端咨询进入"人人都能用得起"的时代。

目　录

1 客户智能（CI）基础

    客户关系管理（Customer Relationship Management，CRM）与传统的营销模式不同，是一种以"客户关系一对一"为基础，旨在改善企业与客户之间关系的新型管理机制。最早发展客户关系管理的国家是美国，这个概念最初由 Gartner Group（高德纳咨询公司）提出，在 1980 年年初便有所谓的"接触管理"（Contact Management）的提法，即专门收集客户与公司联系的所有信息，到 1990 年则演变成包括电话服务、资料分析的客户关怀（Customer Care），开始在企业电子商务中流行。进入 21 世纪以来，随着信息化技术的发展，企业对于客户的管理呈现新的趋势——逐步迈向智能化。这种智能化的客户管理能够高效率地识别、满足客户需求，不断提升客户满意度，及时挽留老客户，实现企业价值最大化。

1.1 握紧"上帝"之手

在客户管理过程中，如何识别客户并保持客户的忠诚度是企业保持盈利的关键因素。大量的实践表明，客户关系管理系统对于优化客户管理、提升客户满意度、增强企业竞争力等方面具有显著的作用。

客户关系管理以"客户为中心"，是企业追求高收益的必然选择，能够有效改善企业与客户的关系，能够对生产、销售和服务等与客户相关的环节产生积极的影响。

第一，客户关系管理通过运用信息技术，大幅度提升业务管理的自动化水平，促进了企业内部的信息共享，提升了员工的工作能力和效率，推动企业更加高效地运转。在高强度竞争的市场环境中，紧跟时代步伐，积极采用创新手段，有效整合企业内外部资源，将为企业的高速发展提供切实保障。企业的发展离不开客户的支持，同时客户的忠诚度有赖于企业贴心的服务。企业之间的竞争已经呈现新的态势，从生产竞争逐步转向为客户竞争。全面客户关系管理成为企业管理的新重心。

第二，客户关系管理通过新的方式拓展市场，扩大企业经营活动范围，及时响应市场，抢占更多的市场份额。在采用客户关系管理解决方案时，销售力量自动化在国外已经有了十几年的发展，并将在我国获取长足发展。当前的 SFA（销售能力自动化）针对范围已经大大地扩展，以整体的视野，提供集成性的方法来管理客户关系，旨在提高专业销售人员大部分活动的自动化程度，提高销售过程的自动化程度，并向销售人员提供工具，提高其工作效率。它的功能一般包括日历和日程安排、客户联系和客户管理、佣金管理、商业机会和传递渠道管理、销售预测、建议的产生和管理、定价、区域划分、费用报告等。

第三，客户关系管理旨在为客户创造友好的沟通平台，使客户得到更好的服务。随着客户满意度的提升，企业能够留下更多老客户，并不断吸引新客户。客户信息成为客户关系管理的基石。商业智能、知识发现、数据仓库等技术的发展，为客户信息的收集、加工和利用提供了便利。

1.1.1 客户关系管理周期

客户关系管理周期包含客户识别、客户吸引、客户保留和客户流失四个阶段。在不同的阶段会产生大量与客户紧密相关的数据。有效分析这些数据，能够明确客户需求，推动企业资源的优化配置。客户关系的全生命周期管理，将形成客户的全维度画像，实现客户价值最大化。

第一，客户识别。

识别潜在客户是客户关系管理的首要任务。从海量的消费者中找出高价值客户是客户识别的根本目的。潜在客户识别需要明确营销目标、沟通渠道以及交流时机。目标客户分析与客户细分是客户识别阶段的两大主要内容。目标客户分析是基于潜在客户的基本特性找到高价值的细分客户。客户细分是将客户群进一步划分成更小的客户群，每个客户群体拥有相似的特征。通过对现有高价值客户的分析，建立模型，为识别潜在客户奠定基础。客户识别有别于传统的营销活动，数据挖掘能够有效减少获取新客户的成本，提升活动效果。

Big Bank and Credit Card Company（BB & CC，大银行和信用卡公司）每年进行 25 次直接邮寄活动，每次活动都向 100 万人提供申请信用卡的机会。"转化率"用来测量那些变成信用卡客户的比例，这是一个关于 BB&CC 每一次活动效果的百分比。

让人们填写信用卡申请仅仅是第一步，BB & CC 必须判断申请者是否有很高风险，然后决定接受他们成为自己的客户还是拒绝他们的申请。有更糟糕的信用风险度的人可能比那些有较好信用风险度的人更容易被接受，对此不必感到惊奇。统计显示，大约 6% 的人在接到邮寄后会提出申请，但他们中只有 16% 的人满足信用风险要求，结果邮件列表中的人大约有 1% 成为了 BB & CC 的新客户。

BB & CC 6% 的响应率意味着每次活动中的 100 万人中，仅有 6 万人对邮寄的请求产生响应。除非 BB & CC 改变这种建议使用信用卡的"恳求"方式，使用不同的邮件列表，用不同的方式影响客户，改变"恳求"术语，否则不可能获得超过 6 万人的响应，并且在 6 万人中只有 1 万人满足信用风险条件而成为客户。BB & CC 面临的难题是更有效地影响那仅有的1 万人。

BB & CC 的每份邮寄品成本约 1 美元，也就是说每次邮寄活动的总成本为 100 万美元。在接下来的两年里，那 1 万人将为 BB & CC 产生大约125 万美元（每人约 125 美元）的收益，结果从一次邮寄活动中获得净利润为 25 万美元。数据采集可以改善这个回报率。尽管数据采集也不能精确地识别最后的那 1 万名信用卡用户，但它可以有效降低促销活动的成本。

第二，客户吸引。

在确定目标客户群后，企业需要投入资源和精力吸引目标客户群，通过数据挖掘技术，明确客户特征，从而针对具有相应特征的潜在客户进行精准营销。

长时间吸引客户消费，增加客户交易频次以及交易金额，是提升企业利润值的重要途径。客户吸引的一个重要途径是直复营销（Direct Marketing）。直复营销与其他的营销方式都在劝说消费者购买产品或其服务，但在直复营销的方式中，存在着一些比普通的营销方式更为特殊的内容，其中最重要的内容是其针对个体的单独沟通。这包括了针对个体的广告与销售的结合、了解客户服务的特征、强调针对性的目标市场，最后是直复营销活动的可监控性及可测量性。

第三，客户保留。

客户保留是客户关系管理的重点。在客户吸引后，需要采取针对性措施促进客户的消费。在消费过程中，客户满意度是对产品或服务评价的重要标尺。企业需要将营销重点放在高价值客户上，并将其转变成忠诚的客户，同时避免可能流失的客户。

一对一营销、客户忠诚计划和投诉管理等是客户保留阶段的重要举措。一对一营销是个性化营销活动，能够及时对客户的行为变化产生响应。忠诚度计划是企业旨在与客户建立良好关系而开展的一系列活动。投诉管理是有效控制客户舆论，最大程度降低对企业产生的不利影响。

"一茶一坐"餐饮有限公司对餐厅内用餐客户进行了分析。通过分析POS机产生的数据，得到了畅销品和滞销品的信息，依此对菜品进行了调整。然后对每一桌客人的服务时间段进行分析，结果发现每桌客人每分钟贡献2.1元。因此公司升级了POS（销售终端）系统，增加了时间段的设置，进一步引入了移动点餐模式，使输入的菜单信息可以实时传输到后厨，压缩了备餐时间，提高了用餐效率。调整实施一段时间后，发现改善作用并不明显，因此又对客户提出了"15分钟美味必达"的承诺服务：在餐桌上设立一个透明的"15分钟"沙漏，在客人点完餐后，服务员会把沙漏倒置。如果不能在15分钟内将菜上齐，客户就会得到一张优惠券。同时，"一茶一坐"还对厨房进行了标准化的改革，使所有步骤都遵循《标准化手册》。调查显示，项目实施后，不仅客户的满意度增加了，同时为企业节约了成本，提高了收益。

第四，客户流失。

当企业所提供的产品或服务不能满足客户需求时，将会产生客户流失。采用数据挖掘技术，确定高风险客户的特征，然后采取针对性措施，避免这些客户的流失。同时企业可以进一步分析客户流失的原因，避免更多客户的流失。

1.1.2　客户关系管理存在的问题

目前，市场格局随着信息技术的创新发生了巨大的变化。越来越多的企业看到了电子商务所带来的巨大推动作用和影响力。最近几年，许多企业网上的销售额获得了大幅增长，为了赢得客户关注，企业之间的竞争愈演愈烈。同时，社交网络的发展也改变了消费者的购物习惯，一方面，客户在购物时更易受到其他客户的影响；另一方面，客户购物后会在社交网络上发表对商品、服务的评论。这些数据背后隐藏着大量客户感兴趣的信息，对企业有着至关重要的作用，但传统的客户关系管理难以帮助企业从中获取有效的信息。

为了赢得竞争，企业需要对客户有更深层次的了解。过去企业对于客户的了解仅限于他们在浏览购物网站、产生交易时留下的痕迹。目前，企业拥有了更多获取客户数据的来源，包括客户购物后的评价以及微博、论坛等社交网络里的大量非结构化数据。

随着客户数据的增多，企业了解客户的难度大大增加。客户在购物后留下的大量产品评论数据量巨大，企业很难进行处理。过去企业对于客户数据的分析主要依赖于人工处理、提取关键词、建立相应的客户模型，从而达成细分客户的目标。部分企业采用数据分析软件，但依然难以适应日益增长的非结构化数据分析需求，无法满足信息爆炸下的市场判断。因此，企业开始运用大数据的分析技术和工具，快速分析在线产品评论，从而识别客户需求。

信息化技术的发展有效改善了企业业务流程。技术手段的有效运用越来越成为企业生存的必要条件。及时把握客户需求的变化，提供创新的产品和服务，是使企业脱颖而出的重要手段。为更大限度地提升客户价值，在保障优质客户服务的基础上，预测机会、制订相应策略也是企业的必然选择。

目前，客户关系管理系统面临的一个问题是数据量的指数级增长。然而传统的客户关系管理系统在处理客户数据时能力有限，尤其是客户大数据处理能力欠佳。如何建立一个客户分析系统，把数据转化成有价值的洞察力，存储、共享、挖掘和展示与客户相关的知识，成为企业关心的问题。例如，有一些银行非常关注维护客户和挖掘客户价值，提出客户只需刷卡三笔交易，就可以享受一定的电影票优惠的业务，而银行要花费比较长的时间才能识别出满足这类促销条件的客户。

在线信息变得越来越容易获得，并且数量在急剧增加。通过互联网等媒介，客户发现的产品信息远比以前丰富，因此如何迅速甚至实时地分析客户的各类数据，及时满足他们的需求也成为新时代客户关系管理应考虑的问题。支付宝利用强大的软硬件，可以在 20 毫秒内从 300 亿条客户交易数据中查询返回结果，有效地控制了风险。例如，客户在非常规的地点上网购物或者有超过 2000 元以上的转账行为，支付宝会分析用户使用行为的历史数据，主动预警。此外，它还可以进行实时地营销，例如客户一旦购买了贵重商品等高价商品，支付宝会向其推荐一个红包，这样就提高了销售额。

1.2 什么是客户智能

　　客户智能是创新和使用客户知识，帮助企业提高优化客户关系的决策能力和整体运营能力的概念、方法、过程以及软件的集合。客户知识是客户知识管理的核心概念。客户知识是企业与客户在共同的智力劳动中所发现和创造的，并进入企业产品创新的知识。

1.2.1 客户智能的内涵

　　客户智能源自客户知识管理，客户知识管理是以创造、提升客户价值为目的，协调客户知识从产生、共享到表示与存取的整个过程，从而产生客户智能的组织活动。它不但包括了客户知识的生成，而且涉及客户知识的共享、使用以及产生客户智能的整个流程。而客户智能正是客户知识在生产、分发和使用过程中产生的能力，整个过程几乎涉及知识管理的所有核心环节。因此，客户智能是对客户知识进行有效管理的结果（如图1-1所示）。

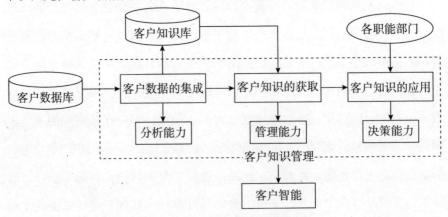

图1-1　客户智能的产生过程

第一，客户数据的集成。

客户知识的高效利用有赖于多渠道、多触点的客户数据。在此基础上，借助于多维度的数据分析与挖掘技术，同时加强以客户为中心的数据共享，才能发挥其最大价值。

第二，客户知识的获取。

将客户的数据从简单的查询上升为知识提取的阶段是客户知识获取的过程。客户知识获取包括数据抽取、清晰和分析等过程，是发现潜在客户、对客户进行有效管理的重要途径。客户知识的获取依赖于客户关系管理系统以及网络上积累的大量客户数据，运用数据挖掘技术和工具，发现数据之间的关联关系，从而推动智能客户管理。客户知识获取是客户智能的重要功能，同时也是客户关系管理的基础。

客户知识主要包括以下类别：

（1）客户偏好知识。客户偏好知识由客户直接提供，例如客户注册信息、浏览记录以及在购物网站明确表达的购物需求等。通过对这些信息的分析，得到不同的消费偏好，从而为客户提供差异化服务。

（2）客户隐性知识。客户隐性知识是客户特征、客户观点、态度等的信息集合。这些知识的获取有赖于对客户交易记录、浏览记录等数据的分析。客户知识的获取过程，是对客户建模的过程。

第三，客户知识的应用。

客户知识需要存储在动态的知识库集中管理，以便能把这些客户知识应用到销售、营销和服务等业务流程的支持上，嵌入客户管理业务系统，分发到需要的终端。在客户知识产生后，需要分发给营销、销售和客户服务等部门，才能更有效地实现客户知识的价值。例如 SAP（思爱普公司）为线下的实体销售店提供客户智能应用软件，店员可以通过终端设备读取有关客户的知识：消费历史、个人信息和消费习惯等，从而进行个性化的推荐服务。

将客户的知识嵌入业务系统，使销售、营销和服务人员在需要的时候能将其应用到业务处理上，提高客户管理决策的质量。例如保险公司的保险单处理员，在审批保险业务时，可以借助系统提供的风险预测和报价计算知识，提高保单业务处理的效率和质量。这些知识实际是对以往客户数据进行挖掘后得到的。

目前，很多证券企业开始运用客户智能技术，提升个性化服务水平。证券行业作为综合类金融服务产品的提供者，有能力快速收集高质量的信息，以设计出更符合客户需求的产品组合，并且可以根据客户偏好的改变及时调整。同时由于中介服务的竞争逐渐同质化，争夺的焦点将来必然落在价格上。如果标准化同质服务不再能给券商带来正常利润，那么券商必须转变经营思路，将通道业务转变成包含增值服务的金融服务。企业能够通过对客户消费行为模式进行分析，提高客户转化率，开发出个性化的产品以满足不同客户的需求。越来越多的证券公司开始采用数据驱动的方法，通过一系列信息的收集、存储、管理和分析，给客户提供更好的决策，充分体现了以客户为中心的服务理念。

客户智能实质上是动态管理企业与客户关系的过程，能实现客户关系在全生命周期每个阶段上客户价值的最大化。从根本上讲，客户智能的价值在于提升客户满意度，从而增加企业收入。

零售业一直在紧随科技的进步而变得更好，这对于人们生活品质的提升无疑是积极而有效的。随着技术的迭代与发展，客户智能在零售行业的商业化也正逐渐成为一个重要的趋势与潮流。Amazon（亚马逊）公司除了传统的挖掘客户消费数据、为客户智能推荐相关产品外，还能够帮助商家改善销售计划，进一步降低商品的价格。

1.2.2 客户智能的功能分析

归纳起来，企业的客户智能主要具备以下几个方面的功能：

（1）管理客户数据的功能。

企业的客户数据往往各自孤立地分散在企业各个部门的业务系统之中，这非常不利于企业从全局的角度来分析数据并制订决策，客户智能具备从多个数据源抽取数据、清洗数据和集成数据的能力。众所周知，企业的客户数据是非常庞大的，对于这样一个庞大的数据集团，客户智能还具备对数据的高效存储和维护的能力，这些都属于管理客户数据的功能。客户数据的有效管理，一方面为企业提供一致的客户数据和统一的客户视图，另一方面还为客户智能的其他功能提供了高质量的数据环境，它是最基础的功能。

（2）产生客户信息的功能。

这里的客户信息不同于原始的客户数据，通过 OLAP 等工具的使用，客户数据会以更直观的方式展现在企业面前，成为有用的客户信息。例如，原始的销售数据会以销售量地区分布图、年度销售量统计图等图表形式展现在企业销售主管的面前。这些客户信息与原始的客户数据相比，更为直观并富有意义。目前有很多软件厂商都能提供这种能展现客户信息的工具，这也是客户智能中比较容易实现的功能之一。

（3）客户知识发现的功能。

客户知识是隐藏在客户数据和客户信息中，事先未知的、有用的知识，它包括客户分类、客户满意、客户差异、客户忠诚等。客户智能具备将这些潜在的客户知识发掘出来，以帮助企业制订决策的能力，这是客户智能所具备的最为重要的功能，也是使客户智能的智能化程度越来越高的驱动力。

（4）客户知识创新的功能。

知识本身是不能创新的，而客户知识之所以能创新，是因为客户智能的存在。客户智能的形成过程是企业向客户学习的过程，同时也是客户不断向企业反馈的过程，在这个过程中，企业的学习能力越来越高，客户智能的知识创新能力也越来越强，知识创新存在于客户智能整个生命周期的每一个环节当中，是客户智能化不断增强的催化剂。

客户智能所具备的这一系列功能给企业带来的好处是显而易见的。第一，它有助于企业对现有数据资源进行有效地整合；第二，它能使企业有效地利用已有的客户数据，从而转化为企业的利润；第三，它能帮助企业快速地制订正确的客户发展战略和决策，使企业得以高效率地运转和获利。

1.2.3　客户智能的优势

客户智能的优势，主要体现在通过创新、运用客户知识增强企业的核心竞争力上。具体来说，客户知识在企业中的有效使用可以给企业带来以下好处：

（1）客户知识让企业清楚地知道自己在产品和服务上努力的方向。企业有效整合现有的资源，从计划、设计、生产、营销、销售、服务等各个环节保证在满足客户需求下的高效率的运作。

（2）根据从客户知识中发掘出的信息，计算客户生命周期价值，以此作为客户分类的依据。针对不同类别的客户采取不同的措施。

（3）预测客户将来一段时期的需求。

（4）预测客户流失的可能性，或者采取及时的补救措施，或者作出减少不必要的投资等决策，最大限度地保留客户和降低企业的损失。

（5）测评客户忠诚度，识别忠诚客户。

此外，客户智能给企业带来的好处还包括：

（1）客户智能体系面向所有的企业部门提供统一的客户视图。

（2）客户智能促进企业对客户的静态信息（姓名、地址、公司信息等）和动态信息（如调查历史、投诉、销售历史等）的利用。其中，对动态信息的利用，尤其对动态信息利用的自动化，是客户智能最复杂并最具有潜在价值的应用。动态信息的利用可体现在两方面：动态营销和静态个性化。

1）动态营销是一个在线营销的过程，它根据客户消费行为的特征，决定下一步采取的营销行动。动态个性化有别于静态个性化。

2）静态个性化是一次消费历史的体现，即根据客户一次消费历史决定个性化措施。这对有效的客户关系和企业决策的有效性是大有影响的。客户消费偏好的获得除了利用消费行为提供的信息和数据外，还需要充分理解客户的整个消费历史，并且要多次在线与客户交流，询问客户需要些什么。然后将他们的答案和企业对答案的理解补充到对客户的决策和行动上来。

（3）客户智能除为客户知识的产生创造一个具有可操作性的系统环境以外，还为客户知识管理提供了有效的方法和理论。客户知识管理包括了客户知识生成、共享与使用等核心过程，对照客户智能的定义和实现，客户智能几乎涉及了客户知识管理的所有核心过程。

（4）客户智能可以帮助企业优化、快速制订客户发展战略。客户智能不但通过对客户知识的直接使用来提高企业面向客户的战术决策能力，而且可以在以客户为中心的组织结构的支持下，实施客户知识管理，最终提高企业客户发展战略和总体战略的有效性和科学性。

（5）客户智能是建立在对客户数据的分析、知识发现基础之上的。它使企业对客户的决策建立在定量的基础上，而不是定性的假设上。

1.3　客户智能的发展

传统客户智能的分析数据主要来源于业务系统、在线购物网站的客户注册等。例如，麦当劳会定期向会员发放电子优惠券，会员将这些电子优惠券从网上下载到手机或者平板电脑上。在麦当劳消费时，客户只需要将手机在前台的读卡器上扫描一下，就可以享受优惠价格。麦当劳还看到了大数据给企业带来的收益。在客户手机扫过读卡器时，麦当劳可以识别客户的身份，并通过销售终端得到该客户的消费记录，然后分析客户的偏好，从而有针对性地进行优惠券的发放。例如，给喜欢周日消费的客户，发放双休日特惠套餐券。给很久没有消费的顾客，发放消费记录中消费次数较多商品的优惠券。

随着 Web 2.0 时代的到来，社区网站不断兴起，一方面消费者有了更为丰富的获取信息的渠道；另一方面也让消费者有了可以互动交流的平台，消费者能主动给出自己对产品或服务的反馈信息。在此基础之上，诸如口碑营销、病毒营销、体验营销、精准营销等各种营销模式百花齐放。Facebook（脸书）、Twitter（推特）、新浪博客与微博、开心网和人人网等社会化网络为客户充分互动提供了平台，产生了大量有用的数据。研究发现，面对铺天盖地的广告，客户更倾向于来自亲朋好友的推荐。因此分析这些社会化网络产生的客户数据，对社会化网络的客户关系进行聚类，找出最有影响力的核心客户（例如意见领袖等），对社交圈子进行识别；或者针对客户表达出来的意见和不满，采取及时的补救措施，往往会产生意想不到的效果。IBM、SAS 和 SAP 等公司近年来都推出了面向多个行业的社交媒体分析工具，挖掘博客、维基以及 Twitter 等社交网站上的文本评论数据。Facebook、Twitter 等社会化网络平台也有自己的分析工具。

客户参与社交化媒体，信息来源渠道更加丰富，他们拥有更多话语权，可以共享购物的感受、发泄不满、推荐商家的信息，这给企业进行口碑营销提供了新的机会。有时客户评论的影响力甚至超过了企业投入大量媒体广告费的效果。

在这种背景下，越来越多的企业开始把营销、销售和服务等转移到社会化网络上，一些企业建立了社会化的 CRM（客户关系管理）战略。在传统交易数据、服务记录、呼叫详细记录和网站点击流等客户数据的分析基础上，企业结合从社交化媒体获得的特有洞察力，能够更好地预测客户需求，了解客户的个性化偏好，甚至对客户细分。社交网络是一种新型而有效的营销手段。

在社会化媒体中，客户的影响力是巨大的。社会化网络分析作为数据挖掘领域的热点问题，受到了学术界和企业界的广泛关注。从博客到微博，互联网的交互模式都变得多样化。利用社会化网络采集客户对品牌的评论、购物体验和营销活动的反应等数据，可以比传统的客户数据分析更直接、更深入地洞察客户的购物偏好和情感，提高客户的品牌认同，保持客户的黏性。通过社会化媒体，企业可以直接面对客户，及时了解企业品牌的支持者和威胁因素，提升客户服务水平和产品开发质量。

客户智能对企业的设计、制造等业务也会产生更多影响，例如网站的设计人员通过分析客户的访问日志，寻求导致客户放弃购买行为或进一步浏览网站的设计缺陷，从而对网站进行优化。制造企业的设计人员也可以从客户的意见和反馈中，发现产品设计的不足，使产品能满足客户的需求。

客户智能成为经济新常态下保持竞争力的强有力手段，能够全面洞察客户，优化客户与企业的关系。大量的客户数据以及不断发展的信息技术、工具为企业的发展提供了机遇。

1.4 客户智能的典型应用

在电子商务交易中，企业关注的是浏览量和交易量。只有浏览了企业的站点，企业才有可能将产品和服务向客户推广，进而使客户产生购买欲望、完成交易。客户浏览站点时，每个时间段在不同页面的停留时间都不同，这将产生大量的客户数据。

（1）客户智能在交易搜索中的应用。每个企业站点都提供搜索功能，这是客户找到所需信息的最直接途径。客户在搜索时输入的关键词以及输入次数都能反映客户的某种兴趣和爱好，通过对客户输入的关键词和关键词出现次数进行分析，挖掘出不同客户群体最关注的产品和服务，从而对有不同兴趣和爱好的客户提供满足其需求的信息，这将大大提高客户的消费频次和忠诚度。

从具体实现上来说，企业在后台必须能够记录客户的基本信息，以及客户输入的关键词。通过对不同客户进行关键词汇总，找到客户的不同兴趣爱好。企业找到这些有价值的信息后，针对客户不同兴趣提供不同信息，对搜索率高的关键词增加其访问的方便性，并提供该关键词更加丰富的信息，这都将大大增加企业网上交易的数量。

（2）客户智能在完善网站结构方面的应用。网站结构是指整个网站的页面布局和业务流程。合理的网站结构能够使客户快速地找到所需信息，而且大大增加客户在网站的停留时间和交易次数。电子商务网站刚刚推出时其设计往往都是基于企业的一厢情愿，其中可能存在许多用户体验不好的区域，这就需要通过综合分析用户访问日志，利用数据仓库、数据挖掘以及 OLAP（联机分析技术）技术来分析出客户喜欢怎样的页面访问形式、客户偏好怎样的业务流程，从而完善网站结构，使客户获取更好的浏览体验。

在具体实现上，网站的服务器系统保留了客户访问的日志，通过将这些日志进行预处理，抽取出有意义的内容，分析出客户的访问行为和偏好。按照访问页面的不同或者页面停留时间的不同进行分类，得到对应各个页面的客户数和停留时间，从而判断出客户的访问行为。

（3）商业智能在交易相关性方面的应用。交易相关性是指客户在网上商城购物时购买某件物品与同时购买相关物品之间的关联性。在交易页面，商城往往都会放一些与该交易商品相关的商品和服务，分析客户进入该交易页面时点击相关链接的内容和次数，并进一步分析点击的相关链接所增加的交易数量，在符合一定支持度和置信度的情况下，判断客户的交易相关性。

这将完善网上商品的位置摆放和商品交易时相似或相关商品的集中度，从而增加交易量。

在具体实现上，可以通过对客户访问日志进行挖掘分析，也可以直接通过对交易关联页面进行关联规则分析得出交易相关性结果。后者需要在数据库中记录各个页面受访的时间以及客户访问某个页面后，又链接访问到的其他页面和停留时间，以及交易成功率，记录这些需要耗费大量的存储空间，这就涉及数据的转储和及时分析，及时获得交易相关性数据。

（4）客户智能在交易额度分析上的应用。分析客户的交易额度对企业实施客户关系管理有很大的帮助，从而提高客户忠诚度。对客户在某段时间交易数量和交易额度以及交易内容的分析，得到不同时间段的客户在不同内容商品上的不同交易额度，从而对交易进行管理。例如对不同交易额度的客户提供不同的售后服务、赠送不同程度的礼品、给予不同程度的优惠。在客户交易额度普遍比较高的时段前期采取大力地宣传，以进一步促进交易消费。

（5）客户智能在退货处理方面的应用。网上交易因为看到的不是实际商品，而只是交易商品的图片，这可能会与客户想象中的实际商品存在一定差距，所以网上商品存在退货的情况更普遍。通过对退货数据进行挖掘和分析，可以认识到企业提供的商品和服务质量存在的缺陷，为企业改善自身商品和服务质量以及提高企业竞争力有很大帮助。

在实际操作上，客户在每次退货时，企业后台数据库都会记录下客户退货的原因。通过将数据导入数据仓库结合商品表、客户表等进行整合分析，分析所退商品存在的缺陷、客户退货原因、退货所发生的费用损失等，最终得出退货解决方案和防范机制，同时改善企业提供的商品和服务的质量。

参考文献

赵卫东. 客户智能 [M]. 北京：清华大学出版社，2013.

2 商业智能（BI）基础

商业智能（BI）的概念由 Gartner Group 于 1996 年提出，其定义为：商业智能描述了一系列的概念和方法，通过应用基于事实的支持系统来辅助商业决策的制订。商业智能的本质在于将企业各业务系统的数据转化为信息和知识，为企业提供数据集成、信息展示、运营分析和战略决策支持等服务。决策支持系统、数据仓库、数据挖掘、联机分析等技术的发展为商业智能的兴起和发展提供了技术基础。未来，人工智能、大数据、物联网等新技术的渗入将进一步扩大商业智能的应用领域。

2.1　企业决策的信息"瓶颈"

在信息时代，商业环境复杂化和数据爆炸对企业的信息化建设能力和管理者的决策能力提出了更高的要求。然而，大部分企业遭遇信息"瓶颈"，大量的数据资源难以转化为数据资产，数据冗余和数据不一致使得数据利用率低下。如何将数据转化为信息和知识以支撑企业决策是企业迫切需要解决的问题，也是商业智能的价值所在。

2.1.1　商业环境复杂化

在经济全球化和互联网日益普及的背景下，企业面临着日益复杂的商业环境。在市场方面，企业面临着来自全球市场的激烈竞争以及电子商务市场的商业模式变革，需要创新营销手段，满足实时的定制化交易需求；在客户需求方面，买方市场环境下客户拥有充分的话语权，客户追求高质量、多样化的产品和快速的物流体验，企业需要向客户提供差异化甚至是定制化的产品和服务；在技术环境方面，技术更新换代周期缩短，物联网、大数据、人工智能等新技术的发展要求企业加快信息化建设；在社会环境方面，劳动力成本增加、资源短缺和环境恶化等因素要求企业创新生产方式和商业模式。

商业环境的复杂化要求企业管理者提高管理决策的速度和准确性，要求企业各业务环节能及时反应和准确对接。而信息是企业竞争的战略性资源，因为无法及时掌握客户需求信息和市场变化趋势，内部各业务环节信息无法准确传递，所以许多企业面临着决策的信息"瓶颈"。企业要形成"数据资产"观念，将数据转化为信息，再转化为知识，为企业决策提供支撑。商务智能的本质正是把数据转化为知识，减少不确定性因素的影响，使企业的数据资产可以带来直接的经济效益，并在复杂的商业环境中取得竞争优势。

2.1.2 企业面临数据爆炸

企业在生产、销售、客户服务、管理等业务环节广泛应用 ERP（企业资源规划）、SCM（供应链管理）、OA（办公自动化）、CRM（客户关系管理）等系统，其运行过程中积累了大量的销售、库存、客户服务、质量控制等数据，而这些数据分别存储在不同的系统数据库中。一方面，企业面临着数据冗余和数据利用率低的问题；另一方面，企业内部各业务系统间的数据不一致导致信息不能及时、准确地传递。如何发挥数据的效用价值以支持企业决策是商业智能发展的驱动力。

并行处理、大容量存储、数据挖掘、数据仓库管理工具、人工智能等技术的成熟以及客户化的查询、关系数据库、标准的电子表格等的应用，为商业智能的发展奠定了基础。商业智能可以使企业了解业务运营的关键环节，准确获取"企业过去的运营状况""各种运营问题产生的原因""企业现在面临的形势"及"未来将如何发展"等信息。

商业智能可以有效地促进客户关系管理，通过帮助企业完成客户划分、客户获得、赢回客户、交叉销售和客户保留等工作，使企业的资源配置、生产规划、市场策略能根据客户需求及时调整。商业智能可以为企业决策提供各项绩效指标分析，从 SCM、ERP、CRM 等系统中提取数据转化为信息和知识，帮助企业利用数据资产获得竞争优势。

2.2 什么是商业智能

商业智能的实现过程是将数据转化为信息和知识，并将信息和知识用于企业经营决策和产生直接经济效益的过程。商业智能是基于数据仓库、数据挖掘、联机分析处理等技术之上的解决方案，通过数据集成、信息展示、运营分析和决策支持帮助企业实现信息化和智能化，随着物联网、大数据等新技术的发展，商业智能将呈现出实时性、可视化、可交互的特点。

2.2.1　商业智能的内涵

商业智能，即 BI（Business Intelligence），是利用数据仓库（DW）、联机分析处理（OLAP）和数据挖掘（DM）等技术将企业的数据转化为信息和知识，帮助企业作出经营决策的智能工具。

商业智能的运行过程是对来自企业业务系统的订单、库存、交易、供应商和客户数据以及来自企业外部环境的数据进行清理，再通过抽取（Extraction）、转换（Transformation）、装载（Load）过程将数据合并到一个企业级的数据仓库里，得到企业数据的全局视图，然后利用查询和分析工具、数据挖掘工具、OLAP 工具等对数据进行分析处理，令数据转化为信息和知识，从而为管理者的决策过程提供支持。

商业智能系统主要由数据仓库、商业分析、业务绩效管理、用户界面四部分组成（见图 2-1）。

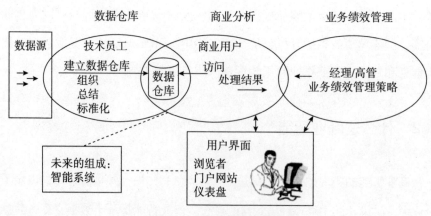

图 2-1　商业智能的架构

（1）数据仓库是一个面向主题的、集成的、稳定的、反映历史变化的数据集合，它集合了企业内部和外部各个系统的数据源、归档文件等大量原始数据和业务数据，支撑企业管理者的管理决策。面向主题使得用户能够决定其业务展现形式，数据仓库中的数据按照生产、销售等具体的主题来组织，每个主题下只包括决策支持的相关信息。数据仓库是完全集成的，需要将多渠道的数据以一致的形式来存储，并解决因集成而出现的命名冲突和数据类型差异性等问题。数据仓库要定期维护历史数据，根据不同时间点来做数据分析，检测趋势、偏差，预报、比较长期关系，从而提高决策支持的准确性。数据仓库的非易失性体现为用户不能对已录入数据仓库的数据进行更改和更新，过时的数据将被弃用，而更新的数据将被记录下来。

（2）商业分析是用于挖掘和操作分析数据仓库中数据的工具集，主要分为两大类：一类是报告和查询，包括静态和动态报告、所有类型的查询、信息的发现、多维度视图、深入到细节等；另一类是数据、文本、网络挖掘和其他复杂的数学和统计工具。

（3）业务绩效管理是演进的商业智能结构及其核心工具的组合，BPM（业务流程管理）在管理和反馈的概念基础之上包含了监管、测量、销售对比、利润成本、利润率等绩效指标以及商业战略流程，其检测和分析绩效的功能可以使企业战略实现公司范围内从上到下的执行。

（4）用户界面是仪表盘和其他信息广播的工具，仪表盘可以提供综合性的公司绩效措施、趋势和可视化视图，显示与预期的度量标准对比后的真实的绩效图表，以判断组织机构运行的健康程度。此外，企业门户、数字驾驶舱等可视化工具都是商业智能的组成部分。

商业智能为决策者提供信息和知识支持，辅助决策者提高决策水平，其主要功能如下：

1）数据集成。

商业智能系统能够集结零散分布在企业内部各个业务系统中的数据以及外部的数据，从多个异构数据源中提取源数据，再经一定的变换后装载到数据仓库中。

2）信息展示。

商业智能系统能把收集的数据以饼形图、散点图、柱形图等可视化报表的形式呈现出来，还可以通过向下钻取、数据切片、旋转以及交互式的图形分析，让用户从多个角度充分了解企业经营状况。

3）运营分析。

商业智能系统的运营分析包括运营指标分析、运营业绩分析和财务分析等，表现为对企业不同的业务流程和业务环节的指标进行分析，对各部门的营业额、销售量等进行统计分析，对利润、费用支出、资金占用等经济指标进行分析。

4）战略决策支持。

商业智能系统集成了企业内各业务系统的数据和企业外部的数据，并对数据作分析处理以转换成信息和知识，能够为企业各战略业务单元提供生产、营销、财务和人力资源等方面的决策支持。

2.2.2　商业智能的技术体系

商业智能的技术体系主要包括数据仓库（DW）、联机分析处理（OLAP）和数据挖掘（DM）。

（1）数据仓库。

数据仓库采用分级的数据组织方式，一般分为早期细节数据、当前细节数据、轻度综合数据和高度综合数据。数据仓库系统一般由管理部分、存储部分和应用部分组成，如图 2 - 2 所示。

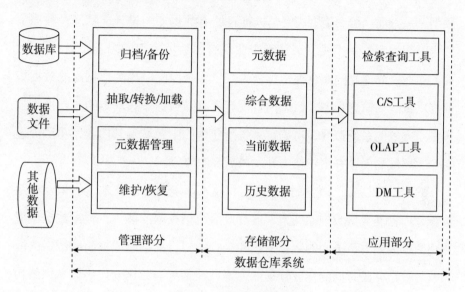

图 2 - 2　数据仓库系统

数据仓库管理部分用于完成数据仓库的定义，包括抽取/转换/加载，归档/备份，维护/恢复及元数据管理等功能。数据仓库存储部分是整个数据仓库系统的核心，根据数据仓库中现有各业务系统的数据面向不同主题进行组织，按照历史数据、当前数据、综合数据、元数据等不同级别进行数据存储。数据仓库应用部分主要由检索查询工具、OLAP 分析工具、DM工具及 C/S 工具等组成，其客户端实现客户交互、格式化查询、可视化及数据报表生成等功能，服务器端实现多种辅助的查询、复杂的计算和各类综合功能。

数据仓库模型的设计主要包括概念模型、逻辑模型和物理模型。数据仓库模型设计主要有六个步骤：概念模型设计、技术准备工作、逻辑模型设计、物理模型设计、数据仓库创建、数据仓库使用与维护。

1) 概念模型设计通常用来定义实际的数据需求，概念模型设计首先要分析、理解原有数据库系统，然后再考虑如何建立数据仓库系统的概念模型。一方面，概念模型设计可以通过原有数据库的设计文档及在数据字典中的数据库关系模式，来认识企业现有的数据库中的内容；另一方面，面向企业全局建立的概念模型可以为来自各个面向应用的数据库的数据集成提供统一的概念视图。概念模型设计者可以根据一些基本的方向性需求来划定大致的系统边界，再确定系统所包含的主题域及其内容，明确描述每个主题域的内容并集中精力开发最需要的部分。

2) 技术准备工作包括技术评估和技术环境准备。技术评估是要确定数据仓库管理大量数据的能力，进行灵活数据存取的能力，根据数据模型重组数据的能力，透明的数据发送和接收能力，周期性成批装载数据的能力及可设定完成时间的作业管理能力等性能指标。数据仓库的体系化结构模型基本建好后，要确定各项软硬件的配备要求，需要考虑预期在数据仓库上分析处理的数据量有多大、如何减少或减轻竞争性存取程序的冲突、数据仓库的数据量有多大、进出数据仓库的数据通信量有多大等问题。技术准备工作的产出是技术评估报告、软硬件配置方案、系统总体设计方案。

3) 逻辑模型设计包括分析主题域、粒度层次划分、确定数据分割策略、关系模式定义等内容。数据仓库的设计方法是一个逐步求精的过程，需分析概念模型设计中确定的几个基本主题域，并选择便于开发和较快实施的主题域以建设成为一个可应用的系统，并且在每一次反馈过程中都要进行主题域分析。数据仓库逻辑设计要决定数据仓库的粒度划分层次，通过估算数据行数和所需的直接存取存储设备数，来确定采用单一粒度还是多重粒度，以及粒度划分的层次，粒度划分是否适当直接影响到数据仓库中的数据量和所适合的查询类型。选择数据分割标准需要考虑数据量、数据分析处理的实际情况，以及粒度划分策略是否简单易行等因素。数据量的大小是决定是否进行数据分割及如何分割的主要因素，而数据分析处理的要求是选择数据分割标准的一个主要依据。对选定的当前实施的主题要进行模式划分，形成多个表并确定每个表之间的关系模式。

4）物理模型设计是要确定数据的存储结构、索引策略、数据存放位置和存储分配。数据仓库设计人员可根据存取时间、存储空间利用率和维护代价三方面因素确定存储结构，对各个数据存储建立多种多样的索引结构来提高数据存取效率，按照数据的重要程度、使用频率及对响应时间的要求将数据分类存储在不同的存储设备中，按照块的尺寸、缓冲区的大小和个数等参数确定存储分配。

5）数据仓库创建的主要工作是设计接口和数据加载。将操作型环境下的数据装载进数据仓库环境时，要在两个不同环境的记录系统之间建立一个接口，接口的作用在于从操作型环境中抽取完整的数据，并实现数据基于时间的转换和凝聚，对现有记录系统进行有效扫描以便以后进行追加。数据加载是运行接口程序，确定数据装入数据仓库的次序，清除无效或错误的数据，完成数据"老化"、数据粒度管理和数据刷新工作。

6）在数据仓库使用与维护阶段要建立 DSS（决策支持系统）应用，根据用户使用和反馈情况来完善系统以满足新的需求。数据仓库维护工作包括刷新数据仓库的当前详细数据、将过时数据转化成历史数据、清除不再使用的数据、调整粒度级别等。

（2）联机分析处理。

联机分析处理系统用于处理大量的综合性的、经过提炼的历史数据，它具有丰富的报表展示功能、数据访问和多维分析能力及快速的数据分析能力，能够帮助企业决策分析人员从多个角度分析数据。

OLAP 的数据组织形式按照存储数据的方式可划分为关系型联机分析处理（ROLAP）、多维联机分析处理（MOLAP）、混合型联机分析处理（HOLAP）。

1) 关系型联机分析处理的底层数据库是关系型数据库，关系型数据库用二维表组织数据，构成星形模型或雪花模型来表达多维的概念，关系型联机分析处理也可以表示为星形和雪花形两种基本类型。

星形模型或雪花形模型将多维结构分为事实表和维表两类，事实表中存储度量值和各个维的码值，是星形架构或雪花形架构的中心，维表存放维的层次和维成员，给 OLAP 提供旋转、切片的数据基础。星形 ROLPA 模型是一个事实表和若干个维表之间通过外键进行连接所组成的结构，一般将事实表置于图形的中间，而将维表置于事实表的周围。在关系型数据库中可模拟 OLAP 中的多维查询，用户可应用存储在维表中的用户习惯来描述说明一个查询需求，而这种需求可被 ROLAP 依靠维表转换成维的代码或值，实现用户的最终请求。当问题越来越复杂导致分析角度越来越多时，可将每个维度表延伸出下一层次的维表，每个维表都进行多次连接形成雪花形 ROLAP 模型。

2) 多维联机分析处理以多维数据库为核心，以多维方式存储数据，数据根据其所属的维度做预处理操作，并把结果按一定的层次结构存入多维数据库中，以多维视图方式显示。用户通过客户端的应用软件将分析需求递交给 OLAP 服务器，再由 OLAP 服务器检索 MDDB 以得到结果并返回给用户（见图 2 - 3）。

3) 混合型联机分析处理是 ROLAP 和 MOLAP 技术优点的有机结合，

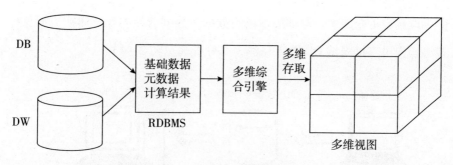

图2-3 MOLAP结构简图

它充分利用ROLAP的灵活性和数据存储能力以及MOLAP的多维性和高效率，能满足用户各种复杂的分析请求。实现混合型联机分析处理的方法一般有3种：同时提供MDDB和RDBMS让开发人员选择；在运行时把对关系型数据库的查询结果存入多维数据库；利用一个多维数据库存储高级别的综合数据，同时用RDBMS存储细节数据。

联机分析处理实施的一般过程可分为需求阶段、规划阶段、设计阶段、构建模型阶段、报表展示阶段。需求阶段要通过调研明确业务需求、性能需求、技术需求、安全性需求及各需求的优先级，明确OLAP系统的实现内容。规划阶段需要了解项目的整体结构并规划整个项目过程，确定整个项目需要的资源等内容。设计阶段是OLAP项目最关键的阶段，包括模型分析、OLAP维度分析和设计、事实表设计等内容。构建模型阶段要确定分析的主题、粒度和度量值，并测试和验证模型的正确性。报表展示阶段利用报表展示工具对主题进行多角度分析，并进行报表测试和运行验收。

OLAP系统的实施过程表现为元数据经过ETL过程实现集成并装载到ODS数据缓冲区，接着从ODS数据缓冲区抽取到ODS统一信息视图区以使用户获得与某个主题域相关的实时数据，再将数据从ODS统一信息视图区抽取到数据仓库中，数据集市里的数据在数据仓库中经过转换、汇总计算等操作可直接支撑 OLAP 系统的多维分析（见图 2-4）。

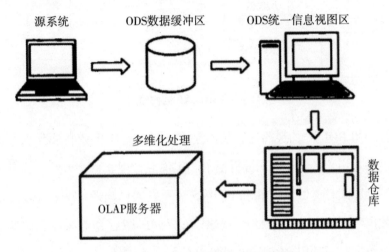

图 2-4　OLAP 系统的实施过程

（3）数据挖掘。

数据挖掘是利用人工智能、机器学习、可视化等技术以及统计分析方法从数据集合中自动抽取隐藏在数据中的规则、概念、规律及模式等有用信息，帮助企业决策者分析历史数据和当前数据，预测未来可能发生的行为。数据挖掘的任务主要是预测建模、关联分析、聚类分析和异常检测。数据挖掘的功能体现为自动预测趋势和行为，对数据库中的数据作关联分析、聚类、概念描述和偏差检测。常用的数据挖掘技术主要有回归分析、关联分析、聚类分析、判别分析、神经网络分析及决策树分析等。

数据挖掘的基本流程主要有五个步骤：确定业务对象、数据准备、数据挖掘、结果分析、知识的同化。

数据挖掘开始前要清晰地定义出业务问题，搜索与业务对象有关的内外部数据信息，从中选择出适用于数据挖掘应用的数据，并对数据作预处理，将数据转换成一个分析模型，对经转换的数据进行挖掘、解释并评估结果，将分析所得到的知识集成到业务信息系统的组织结构中去。

2.2.3 商业智能的实施

实施商业智能是一项复杂的系统工程，整个项目不仅涉及数据仓库、联机分析处理和数据挖掘等技术层面的建设问题，还关联到企业的战略、运营、人力资源、销售等方面的数据信息。成功的商业智能实施必须与企业的商业战略保持一致并为整个企业带来利益，用户除了选择合适的商业智能软件外，还要做好项目规划、系统设计、系统调优以及系统运行维护等工作。商业智能的实施步骤主要有四项：需求分析，建设数据仓库模型，数据抽取、清洗、转换、加载（ETL），建立商业智能分析报表。

（1）需求分析。

需求分析是商业智能项目开展的前提，要描述项目背景与目的、业务目标、业务范围、业务需求和功能需求等内容，明确企业对商业智能的期望和需求，包括需要分析的主题、各主题可能查看的角度、需要发现企业各方面的规律、用户的需求等内容。

项目背景主要描述已有系统的当前现状以及它在不同历史时期的业务需求；业务范围是指界定项目团队所有人员的工作范围；业务目标是指根据调研结果对业务需求和功能需求的整体概述；业务需求用于描述客户对系统实现的总体性要求；功能需求包含各个业务专题分析、关键性指标查询和监控、报表查询、高级分析和数据挖掘等内容。

企业各业务系统之间缺乏统一的整体规划和标准，导致各系统之间存在数据不一致的问题，而商业智能的目的是解决各个业务系统之间的数据集中整合的问题，为企业管理者提供高效的数据查询和强大的报表展示功能，实现多维度的深入分析和数据挖掘，对企业决策提供有力的支持。

（2）建设数据仓库模型。

数据仓库模型是在需求分析的基础上建立起来的，数据仓库模型的设计流程主要是：在系统设计开发之前，业务人员和设计人员要共同设计概念模型，核心的业务概念能够在业务人员和设计人员之间达成一致；在系统设计开发时，业务人员和设计人员要共同设计逻辑模型；设计人员在逻辑模型的基础上设计物理模型，并规划好系统的应用架构，将企业的各项数据按照分析主题进行组织和归类。

（3）数据抽取、清洗、转换、加载（ETL）。

数据抽取是指将数据仓库需要的数据从各个业务系统中抽取出来，因为每个业务系统的数据质量不同，所以要对每个数据源建立不同的抽取程序，每个数据抽取流程都需要使用接口将元数据传送到清洗和转换阶段。数据抽取具有提供数据适配器、标准化、批处理服务和数据过滤的功能。

数据清洗的目的是保证抽取的原数据的质量符合数据仓库的要求并保持数据的一致性。清洗的方式有两种：一种是不同业务系统间各自专用的清洗程序；另一种是不同业务系统间有满足数据仓库清洗需求的通用程序。数据清洗具有数据修正、数据标准化、匹配与合并的功能。

数据转换是整个 ETL 过程的核心部分，主要是对原数据进行计算和放大。数据加载是按照数据仓库模型中各个实体之间的关系将数据加载到目标表中。

（4）建立商业智能分析报表。

商业智能分析报表是对数据仓库中的数据进行分析处理的成果，企业管理者能够借此从多个角度查看企业的运营状况，按照不同的方式探查企业内容的核心数据，对企业未来经营状况作出更精准的预测和判断。

2.3　商业智能的发展

商业智能不是一种新技术，而是由一系列概念和方法集合而成的解决方案。商业智能的概念于 1996 年由加特纳集团提出，通过应用基于事实的支持系统来辅助制订商业决策，其中的决策支持系统、数据仓库、数据挖掘、联机分析等技术的发展过程也是商业智能日益成熟的过程，未来的商业智能将更加智能化并获得更广泛的应用。

2.3.1　商业智能的发展简史

商业智能是在管理信息系统（MIS）和高级管理人员信息系统（EIS）的基础上发展起来的。20 世纪 70 年代的管理信息系统是没有分析能力的，其报告系统是静态的；20 世纪 80 年代早期的高级管理人员信息系统将计算机化支持系统扩展到高层经理和管理人员，可以提供动态的多维度的分析报告和预测。随着决策支持系统和数据仓库技术的发展完善，商业智能的功能日益丰富，不仅能囊括管理人员所需的全部信息，而且拥有人工智能和强大的分析能力。

20 世纪 70 年代的一系列研究成果为商业智能概念的提出奠定了基础。商业智能概念最早源起于赫伯特·西蒙对决策支持系统的研究，他对"人工智能辅助决策"和"商务决策过程"作出了突出的贡献。1970 年，IBM（美国国际商用机器公司）发明了关系型数据库，解决了网络型数据库结构复杂多变和不易开发的问题。麻省理工学院提出决策支持系统和运营系统截然不同，二者的分开意味着决策支持系统要采用单独的数据存储结构和设计方法。

20 世纪八九十年代，数据仓库和数据挖掘等技术的兴起极大地推动了商业智能的发展。1983 年，Teradata（天睿资讯）公司利用并行处理技术为美国富国银行建立了第一个决策支持系统。1988 年，IBM 提出了新术语"数据仓库"。1989 年，数据挖掘技术兴起。1992 年，比尔·恩门在《如何构建数据仓库》一书中第一次提出了数据仓库的清晰定义和极具操作性的指导意见。

1996 年，Gartner Group 正式提出了"商业智能（BI）"的概念。2000 年，数据仓库技术全面成熟。之后，联机分析、信息可视化等新技术的发展使商业智能的产业链形成了一个从数据整合，经数据分析、数据挖掘，到最后数据展示的完整闭环（见图 2－5）。

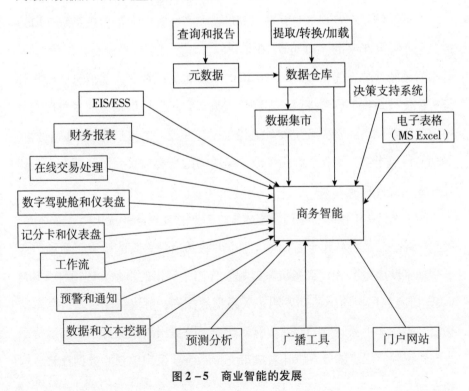

图 2－5　商业智能的发展

2.3.2 商业智能的发展趋势

随着互联网和大数据的普及和发展，商业智能的应用领域将更加广泛，其功能也将更加丰富。未来，商业智能在功能上将具有可配置性、灵活性、可变化性，提供的解决方案将更加开放、可扩展、可按用户需求定制，将从传统的决策支持功能向增强型功能转变，从单独的商务智能向嵌入式商务智能发展。商业智能除了为企业提供数据集成、信息展示、运营分析和战略决策支持等功能外，还可以为用户提供基于更多场景的个性化服务。例如，商场运用 BI 系统能够通过客户购买的商品和客户的消费习惯，对客户开展有针对性的促销，有效地提高商场的直接经济效益。

未来，商业智能将通过互联网和局域网的交互实现决策信息和知识的共享。商业智能系统可通过互联网的广泛应用收集到更多的企业内外部信息，并将数据转化成更多有价值的信息和知识，帮助企业管理者作出更准确的分析和决策，并能够快速将决策信息和知识共享到企业各个层面的工作流程上。

中国经济的供给侧结构性改革要求企业实现工业化和信息化融合发展，制造业企业和零售业企业必将大力应用商业智能技术，加大对商业智能解决方案的投入，以实现节约资源、降低成本、提高生产效率和经济效益的目标。企业信息化水平的提高将推动商业智能的快速发展。

2.4 商业智能的典型应用

商业智能广泛应用于电信、制造、金融、保险、零售等行业，下面以零售业李宁集团的商业智能应用和上海市社保卡的商业智能应用为例。

2.4.1 零售业李宁集团的商业智能应用

(1) 需求分析。

李宁集团一直在企业信息化建设方面大力投入，先后引入了 POS 系统、ERP 系统、MAIL 邮件系统、OA 系统等，但是随着信息系统的日益增多，形成信息孤岛、大量历史数据闲置、原有系统无法支撑多维度分析等问题不断涌现。李宁集团希望通过商业智能项目整合多个信息系统的数据，将数据转化为知识，用更加灵活的分析手段来提高企业的综合决策能力。

1) 通过信息及时地预警跟踪企业经营状况和市场发展情况，提高决策者的监控能力，以防范信息阻塞及死角带来的风险。

2) 通过信息关联，以模型固化管理规范为手段，以信息引导数据的分析为方法，分析财务、生产、销售及采购的综合信息，为决策者提供有力的决策依据。

3) 通过建设数据仓库为企业建立多维分析的基础，借助 BI 分析工具实现从顶层汇总数据监控到明细数据查询分析，提高企业分析的时效性与准确性。

4) 通过分析主题及模型的建立，为企业决策提供具有可决策、可预测的分析模型，将模型分类成各个分析主题，为企业在分析决策中提供成体系的分析方法与思路，并最终形成一套标准的数据信息规范。

(2) 数据仓库模型设计。

数据仓库模型设计的主要工作是概念模型设计、逻辑模型设计和物理模型设计。概念模型设计主要是在企业模型和现有应用系统等基础上设计主题和主题域。概念模型的设计方法是通过分析业务系统的主要数据及业务之间的关系列出详细的数据主题，根据数据主题之间的逻辑关系将其划分到各自所属的数据主题域中，最后形成企业级主题域概念模型。逻辑模型设计是对概念模型的分解和细化，主要描述了企业经营活动中的实体及其属性、实体和实体之间的关系。物理模型设计主要描述了数据的存储类型、长度和索引结构等内容。

　　李宁集团梳理各个信息系统的报表和数据，从财务、生产、库存、客户、销售、产品规划等角度确定了数据主题及细分数据需求（见表 2 - 1）。

表 2 - 1　　　　　　　李宁集团数据仓库主题

高级综合分析主题	1. 本年销售系统总体增长 2. 综合店效（南北区域） 3. 区域零售总体增长水平 4. 分销业务部分区域订货情况 5. 零售子公司部分区域订货情况 6. 坪效与竞品差距	销售及业绩看板分析	1. 新品销售总体分析 2. 新品销售同期对比分析 3. 各产品类别销售、订货对比分析 4. 交叉分析（按各分析维度） 5. 销售排名分析
订货情况分析主题	1. 订货总体情况 2. 各指标总体规划与实际订货对比 3. 订货情况同期对比分析 4. 交叉分析（按各分析维度） 5. 订货排名分析	客户分析主题	1. Top 客户分区域订货情况 2. 客户级别分区域的状态 3. VIP 客户分析
生产、库存分析主题	1. 产品库存分析 2. 在仓产品库存时间分析 3. 通路库存分析	财务、KPI（关键绩效指标）分析主题	1. 总体收入 2. 总体利润 3. 总体费用 4. 应收账款 5. 零售公司指标分析

　　（3）数据抽取、清洗、转换、加载。

　　数据抽取是从 EPOS 数据库、TRADE SHOW 数据库、销售服务系统数据库及手工录入数据表等数据源中抽取元数据到数据仓库中，针对每个业务系统的数据质量差异对每个数据源建立相应的抽取程序，每个数据抽取流程使用接口将元数据传送到清洗和转换阶段，再将数据加载到产品类主题表、销售类主题表等目标表中，并建立数据更新和数据库维护机制。

（4）建立商业智能分析报表。

商业智能分析报表是对数据仓库中的数据进行分析处理的成果，企业管理者能够借此从多个角度查看企业的运营状况，按照不同的方式探查企业内容的核心数据，对企业未来经营状况作出更精准的预测和判断。商业智能分析报表的形式有饼形图、柱形图、折线图等。李宁集团 BI 系统在前端展现主题分析、统计报表、图形分析、要素预警、权限管理的商业智能分析成果，能够为生产、库存、销售等部门提供详尽的数据分析报表，以支持企业管理者的决策（见图 2 - 6）。

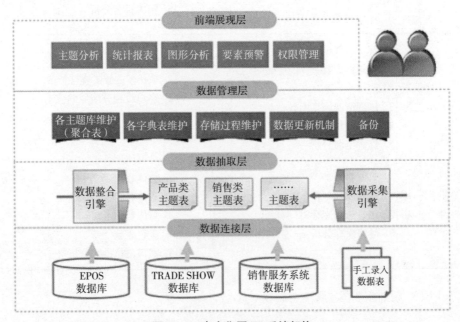

图 2 - 6　李宁集团 BI 系统架构

2.4.2 上海市社保卡的商业智能应用

2002 年，上海市社会保障卡服务中心正式成立。该中心主要承担上海市社会保障卡系统市级数据交换平台和共享数据库的建设和维护，实施政府业务部门之间的信息共享。经过社会保障卡一期工程和二期工程的建设，中心目前已建立面向市民提供保障卡持卡人资料采集、申请、发放及管理的全套计算机网络与处理系统，制定了保障卡中心与公安、劳动和社保、医保、民政及公积金等有关政府行政部门信息交换与共享的标准和规范，规定了信息交换的内容、格式等，并形成了上海市社会保障卡服务中心个人档案数据库资料，为数据的深度利用奠定了物质基础。图 2 − 7 为 Sybase（赛贝斯公司）设计的上海市社会保障卡服务中心数据仓库系统的拓扑图。

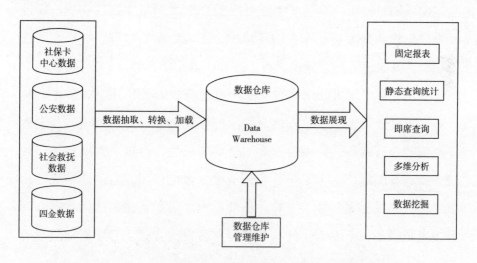

图 2 − 7 上海市社会保障卡服务中心数据仓库系统拓扑图

上海市社会保障卡服务中心数据仓库系统的实施主要包括五个部分的

内容：数据仓库的设计建模、数据转换与集成、数据存储与管理、数据的分析和展现以及数据仓库的维护和管理。因此，社会保障卡服务中心数据仓库系统将包括以下工具：数据模型设计、数据转换与集成、数据仓库存储和管理、ODS 数据存储和管理、元数据管理、数据可视化分析、数据挖掘。

（1）数据仓库建模：数据仓库的设计人员，模拟整个数据仓库系统内的各种数据资源设计数据仓库模型，为数据仓库系统的实施提供蓝图，并从一个单一的控制点出发，实现对数据仓库的配置。数据仓库设计工具必须能够使用最通用的关系数据库和多维数据库的设计方法建立数据仓库模型，并且为设计人员建立一个非常友好而单一的环境，能让数据建模人员和系统设计人员很方便地处理数据仓库设计中特殊的应用需求。

（2）ETL 过程：通过 ETL 工具将数据从数据集中区（ODS）经过处理以后加载到数据仓库存储环境中，完成数据的抽取、转换、清洗及加载。并且通过一套紧密集成的工具使数据集市建立的步骤自动化，易于使用，具有强大的功能和性能。通过有效的 ETL 工具，数据仓库开发者可以使用虚拟设计直接对数据的移动和处理进行建模。开发者不再需要进行编码，只需要建立一个处理模型，对每个数据移动或处理步骤进行图解，这个工程看起来就像一个流程图，它的建模性能提供了最大的设计灵活性。这样，不仅易于学习和使用，还为数据仓库开发者提供了一个图形化的、高度面向客户的方式来管理更加复杂的方案。

（3）数据仓库存储：实现数据仓库中的数据存储和管理。数据仓库中的数据存储和管理引擎必须能够支持数据仓库应用中大量交互式的和无定型的查询处理的需要，用户在查询时有极大的灵活性。用户可以提任何问题，可以针对任何数据提问题，可以在任何时间提问题。无论提的是什么问题，都能快速得到回答。

（4）数据展现：使用目前流行和易用的前端分析和展现产品，实现数据的展现和分析。并且提供基于网络服务器/浏览器形式的配置方式及基于客户/服务器形式的配置方式。展现工具必须为用户提供一个完整的智能化电子商务软件解决方案的工具包，其中包括了查询、生成报表、在线分析处理、成套分析、时间序列分析和数据钻取功能，还提供了管理工具，使信息技术人员能在企业内建立和配置产品。使用户可以在互联网上进行特殊查询、生成报表和数据分析，并且其具有分布式的结构，核心的功能在服务器上，基于 Java（一种可以撰写跨平台应用软件的程序设计语言）的程序在桌面上运行，使每个用户的个人终端无须安装和维护应用程序软件和数据库中间件，这样机构的成本可以更有效地用来配置商业智能软件功能，并且通过外联网将此益处传递给供应商、合作者和客户。

（5）元数据管理：元数据是指"关于数据的数据"，是数据仓库环境中的关键部分。它决定了数据仓库信息的设计方式和构造方式，还确定了外部元数据与数据仓库模型之间的对应以及当初抽取/聚合元数据时所用的算法。在数据仓库的建设中，将数据加载到数据仓库只是完成了整个工作的很小的一部分。在数据仓库建成并投入运行后，管理方面仍然面临巨大的挑战。因此，通过对元数据的运用和管理，在信息系统与数据仓库的用户间架起了一座桥梁。

上海市社会保障卡服务中心数据仓库系统的实施效果主要表现在以下几个方面：

（1）上海市社会保障卡服务中心数据仓库系统构建了社保卡主题化模型。

（2）上海市社会保障卡服务中心数据仓库系统将业务系统和数据仓库系统进行了有效集成，满足最终用户的各种需求，既能看到历史统计系统，也可以及时了解到最新的状况。

（3）上海市社会保障卡服务中心数据仓库系统完成了内部数据的整合，将各个不同业务系统的分布式存放的数据进行一致性转化，使数据仓库今后成为社保卡真正意义上的数据中心，满足各种不同应用系统的数据需求。

（4）上海市社会保障卡服务中心数据仓库系统进行了历史数据的清洗、修复，解决因多次业务变化造成的数据缺损、不完整问题，实现历史数据的完整性。

（5）上海市社会保障卡服务中心数据仓库系统完成了社保卡数据分析和残疾人数据分析相关的查询、报表统计、分析应用。

（6）上海市社会保障卡服务中心数据仓库系统为不同用户提供了个性化的使用模式，不同类型用户可以采取诸如查询、报表、分析、定制化操作等多种使用模式。

（7）上海市社会保障卡服务中心数据仓库系统实现了基于 B/S（浏览器/服务器）结构的应用模式，前端支持基于浏览器的各种查询、报表、分析等操作，使今后的维护工作难度降到最低。

（8）上海市社会保障卡服务中心数据仓库系统实现了各个层面的智能决策支持，构筑起社会保障管理现代化信息支撑平台，及全面的网络化信息应用和服务。

参考文献

［1］王楠．商务智能［M］．北京：北京大学出版社，2012．

［2］王飞，刘国峰．商业智能深入浅出——Cognos，Informatica 技术与应用［M］．北京：机械工业出版社，2012．

［3］［美］特班，等．商务智能：管理视角［M］．秦秋莉，姚家奕，王英，译．北京：机械工业出版社，2011．

3 人工智能（AI）基础

人工智能（AI）是包括深度学习、专家系统、人工神经网络、机器视觉、自然语言处理、机器人、人工智能应用等在内的庞杂知识和技术体系，人脸识别、语音识别、机器翻译、无人驾驶等技术已经成熟。人工智能具有自行决策、自行维护、自行学习、自行组织的优势，正被广泛应用于生产制造、金融、电商零售、医疗健康、安防、教育、自动驾驶等领域。人工智能的产品开发与产业发展正处于爆发期，当前仍处于"弱人工智能"阶段，未来要围绕应用场景、人工智能算法、大数据和计算平台四大维度，推动弱人工智能产品和产业的发展与商业落地。

3.1 无处不在的人工智能

人工智能研究从 1956 年发展至今，在深度学习、专家系统、机器视觉、自然语言处理、人工神经网络及机器人等领域的研究取得了重大进展。当今，人工智能广泛应用于生产制造、金融、电商零售、医疗、自动驾驶等多种领域，越来越多的企业参与到人工智能的算法和应用研究中来。人工智能时代已经来临，未来可能推动新经济的发展。

3.1.1　人工智能时代已经来临

在医疗领域，图像识别技术大大促进了癌症诊断的准确性；在农业领域，深度学习技术可以促进农作物产量增长；在金融领域，人脸识别和机器学习技术提高了金融服务的效率；AlphoGO（阿尔法围棋）战胜韩国围棋世界冠军李世石让世界对人工智能刮目相看，人脸识别等技术已经达到或超过人类智力水平，人工智能已成为无人驾驶汽车商业落地的关键。

人工智能的产品开发与产业发展正处于爆发期，基于人工智能的企业、投融资和研究的快速发展表明人工智能时代已经来临。人工智能在未来拥有广阔的应用前景，例如，未来人们可能会穿戴接入互联网的服饰，在互联网上拥有数字身份，多种职业会被机器人所替代，无人驾驶汽车将完全投入使用，3D（三维）打印技术广泛应用于多种行业等。

人工智能正被应用于生产制造行业，成为实现生产制造知识化、自动化、柔性化和对市场快速反应的关键技术，其自行决策、自行维护、自行学习和自行组织的特性使传统制造转型升级为智能制造。人工智能对企业、行业甚至是经济运行方式产生了深远的影响。人工智能和机器学习等技术能够提高数据资源的利用价值，降低运行成本和人力需求，引发生产力的增长和生产方式的转变。

3.1.2 人工智能加速发展的推动力

人工智能在当前实现加速发展，与大量的数据、更快的硬件、更普遍可用的算法是分不开的。

（1）数据。

全球范围内互联的设备、机器和系统产生的非结构化数据的数量呈现巨大的增长，机器语言可解决的问题的数量也随之增长。移动手机、物联网、低耗数据存储和处理技术的成熟已经在数量、大小、可靠数据结构方面创造了大量的成长。大数据是人工智能发展的基础，大数据感知智能的发展为认知智能或通用人工智能的探索奠定了新的基础。

（2）更快的硬件。

GPU（图形处理器）的再次使用、低成本计算能力的普遍化，特别是云服务和神经网络模型极大地增加了神经网络产生结果的速度和准确率。GPU、并行架构、图像芯片和特质硅等的应用能更快、更准确地训练机器学习系统，为人工智能的发展奠定了硬件基础。

（3）更普遍可用的算法。

面向算法的研发成果支持深度学习的使用，更好的开源框架和工具推动了人工智能的发展进程。

3.2 什么是人工智能

人工智能既可以简单理解为让机器模拟人的智能做事情，又是包含庞杂的知识和技术体系的一门科学。人工智能研究涉及计算机、语言学、逻辑学等多个学科，包括深度学习、机器视觉、专家系统等多个细分领域，因研究角度的不同，学者对人工智能领域的研究形成了符号主义、联结主义和行为主义三大学派。

3.2.1　人工智能的内涵

人工智能属于计算机科学的范畴，关于人工智能的定义尚没有统一的结论。计算机科学理论奠基人图灵提出的"图灵测试"认为：如果一台机器能够通过电传设备与人展开对话，并会被人误以为它也是人，那么这台机器便具有智能。人工智能之父马文·明斯基将人工智能定义为：让机器做本需要人的智能才能做到的事情的一门科学。人工智能符号主义学派的司马贺认为：智能是对符号的操作，最原始的符号对应于物理客体。

人工智能是研究和开发用于模拟、延伸和扩展人的智能的理论、方法、技术和应用系统的技术科学，涉及计算机、语言学、心理学、逻辑学等多个学科，研究范围包括分布式人工智能与多智能主体系统、人工思维模型、知识系统、知识发现与数据挖掘、遗传与演化计算、深度学习、人工智能应用、机器人、自然语言处理、视觉感知、模式识别、专家系统等。

人工智能的研究目标是制造出会思维和行动的智能计算机系统。对于这个目标的解读有两种观点，"强人工智能"观点认为人工智能可以制造出被认为是有知觉的、有自我意识的智能机器，这种智能机器能真正推理和解决问题，机器的思考和推理方式或者和人的思维模式一模一样，或者使用与人不一样的推理方式；"弱人工智能"认为人工智能不可能制造出真正能推理和解决问题的智能机器，这种机器并不真正拥有智能和自主意识。

下面就学者对人工智能领域的研究形成的三大学派的主要观点介绍如下：

（1）符号主义学派是基于物理符号系统假设和有限合理性原理的人工智能学派，代表人物是纽厄尔、肖、西蒙、尼尔森。纽厄尔和西蒙提出的物理符号系统假设认为所有智能行为都可等价于一个符号系统，任何信息加工系统都可看成是一个具体的物理符号系统，一个物理符号系统由一个符号结构和一组过程所构成，符号结构由不同符号按照某种物理方法联结而成，过程实现对符号结构的操作。

符号主义经历了启发式算法到专家系统，再到知识工程的发展过程，一直主导着人工智能的发展进程。符号主义认为人工智能起源于数理逻辑，人类认知（智能）的基本元素是符号，认知过程是符号表示上的一种运算；智能的基础是知识，其核心是知识表示和知识推理；符号可以用来表示知识，也可以用来推理知识，在基于知识的人类智能和机器智能的统一的理论体系指导下可以用计算机来模拟人的智能活动。符号主义认为应该用功能模拟的方法来研究人工智能，用计算机模拟人类认知系统的功能和机理。但是，符号主义在发展过程中因不确知事物的知识表示和问题求解等问题而受到了其他学派的批评。

（2）联结主义学派是基于神经网络及网络间的联结机制与学习算法的人工智能学派，他们认为思维的基元是神经元，而不是符号，思维过程是神经元的联结活动过程，而不是符号运算过程。联结主义从神经元入手，进而研究神经网络模型和脑模型，为人工智能开创了一条用电子装置模仿人脑结构和功能的新途径。联结主义认为人工智能研究应采用结构模拟的方法，不同的结构表现出不同的智能行为，模拟人的神经网络结构将是人工智能的研究方向。联结主义已提出多种人工神经网络结构和联结学习算法。

（3）行为主义学派是基于控制论和"感知—动作"控制系统的人工智

能学派。控制论早期的研究重点是模拟人在控制过程中的诸如自适应、自学习等智能行为和作用,其研究成果为智能机器人的研制奠定了基础,微计算机技术的突破为智能控制系统的研制提供了新的方法和工具,推动了智能控制和智能机器人的研究开发与应用。

行为主义认为人工智能起源于控制论,智能取决于感知和行为以及对外界复杂环境的适应,智能不需要知识、表示和推理,智能体现在现实世界中机器与周围环境的交互作用中,人工智能可以像人类智能一样逐步进化。行为主义指责符号主义以及联结主义所主张的传统人工智能对现实世界中的客观事物和复杂智能行为的理解过于简单。行为主义认为人工智能研究应采用行为模拟的方法,不同的行为表现出不同的功能和不同的控制结构。

3.2.2 人工智能的研究内容

人工智能的实现涉及多个研究领域的知识和技术应用,包括模式识别、问题求解、自然语言理解、自动定理证明、机器视觉、专家系统、机器学习、机器人学及人工生命等。

(1)模式识别。

模式识别(Pattern Recognition)是人工智能最早的研究领域之一。模式识别是指利用计算机及外部设备对物体、图像、语音、字符等给定事物进行鉴别和分类,将其归入与之相同或相似的模式中。

模式识别过程如图 3-1 所示,模式识别的核心是特征提取和学习过程,常用方法有统计决策法与句法方法、监督分类与非监督分类法、参数与非参数法等。模式识别过程会将已知的模式样本数值化并输入计算机,分析数据以去掉对分类无效的或可能引起混淆的特征数据,尽量保留对分类判别有效的数值特征,再按设想的分类判别的数学模型将数据分类,对比分类结果与已知类别的输入模式，在此过程中不断修改分类模型以制定出错误率最小的判别标准。

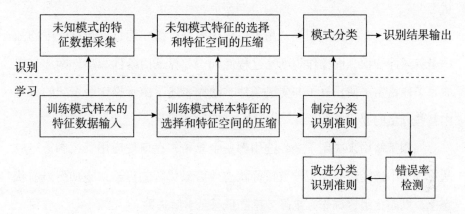

图 3-1　模式识别的过程

模式识别技术已经广泛应用于多个领域。利用图形、图像识别技术开发出来的指纹识别、人脸识别、遥感图像识别等系统已经进入了实用化阶段；语音识别技术可以识别人类语音并将其转换成文本字符，语音识别产品已相当成熟；计算机视觉技术用于景物识别、三维图像识别等场景，可通过机器人的视觉功能来控制其行动；信号识别技术用于对雷达、地震波和脑电波等信号的识别，应用于军事、地质和医学等领域。

（2）问题求解。

问题求解（Problem Solving）是指通过搜索的方法寻找问题求解操作的一个合适序列，以满足问题的各种约束，其核心研究是搜索技术。人工智能的搜索系统一般由全局数据库、算子集和控制策略三部分组成。

全局数据库包含与具体任务有关的信息，用来反映问题的当前状态、约束条件及预期目标。状态分量的选择应满足独立性、必要性和充分性。各个分量不同的取值组合对应着不同的状态，但并不是所有的状态都是求解所需要的。问题本身所具有的约束条件可以帮助除去非法的状态和不可能出现的状态，而保留在数据库中的是问题的初始状态、目标状态和中间状态。

算子集，即操作规则集，用于对数据库进行操作运算。数据库中的知识是叙述性知识，而操作规则是过程性知识。算子由条件和动作两部分组成，条件给定了使用算子的先决条件，动作表述了由于操作而引起的状态中某些分量的变化。

控制策略用来决定下一步选用哪一个算子并在何处应用。控制策略应从算子集中选择最有希望导致目标状态或者最优解的算子，施加到当前状态上，以防止组合爆炸、求解效率降低甚至求解失败。

（3）自然语言处理。

自然语言处理（Natural Language Processing）主要研究如何使计算机能够理解、生成、检索自然语言（包括语音和文本），从而实现人与计算机之间用自然语言进行有效交流。

自然语言处理的研究内容包括语音识别、语音合成、文本朗读、机器翻译、问答系统、信息检索、信息抽取、自动摘要和文本分类/聚类等。自然语言处理研究的难点在于词语实体边界界定、词义消歧、文法的模糊性、语言行为与计划等方面。

（4）自动定理证明。

自动定理证明（Automatic Theorem Proving）研究如何把人类证明定理的过程变成能在计算机上自动实现符号演算的过程。自动定理证明的主要方法有自动演绎法、判定法、定理证明器、人机交互定理证明等。

自动演绎法是自动定理证明最早使用的一种方法，但存在组合爆炸问题。1957 年纽厄尔、肖和西蒙的逻辑理论机和 1959 年吉勒洛特等人的几何定理证明机就使用了自动演绎法。逻辑理论机采用正向推理方法，几何定理证明机采用反向推理方法。

判定法是指判断一个理论中某个公式的有效性，其基本思想是对某一类问题找出一个统一的、可在计算机上实现的算法。

定理证明器是研究一切可判定问题的证明方法。该方法运行的基础是1965 年鲁宾逊提出的归结原理（Resolution Principle），用归结原理依据反证法思想在子句集上进行逻辑推演，最终求证定理。任何永真的一阶谓词公式都可用归结原理证明，用归结原理证明为真的一阶谓词公式是永真的。

人机交互定理证明是一种通过人机交互方式来证明定理的方法，用计算机帮助人完成手工证明中难以完成的计算、推理和穷举等工作。

（5）机器视觉。

机器视觉（Machine Vision）主要研究如何用计算机实现或模拟人类的视觉功能，主要研究目标是使计算机具有通过二维图像认知三维环境信息的能力，这种能力包括对三维环境中的物体形状、位置、姿态和运动等几何信息的感知、描述、存储、识别和理解。机器视觉的研究领域包括图片处理、图像处理、图像解释、图像理解、模式识别、景物分析、光学信息处理、视频信号处理。机器视觉技术在机器人装配、卫星图像处理、工业过程监控、飞行器跟踪、景物识别等领域得到了广泛应用。

机器视觉系统一般由以下五个部分组成：

1）图像获取部分。

数字图像由一个或多个诸如遥感设备、雷达、超声波接收器等图像感知器产生，不同感知器产生的图片可能是二维图像、三维图组或一个图像序列。图像的像素值对应于光在一个或多个光谱段上的强度或声波、电磁波等的深度、吸引度或反射度。

2）预处理部分。

在对图像实施具体的计算机视觉方法来提取某种特定信息前，需要采用一种或多种预处理措施来使图像满足后继方法的要求。预处理措施包括二次取样、平滑去噪、提高对比度以及调整尺寸空间等。

3）特征提取部分。

特征提取包括从图像中提取诸如线段、曲线、边缘等各种复杂信息的特征，以及局部化的特征点检测等工作。

4）检测、分割部分。

图像处理工作有时需要对图像进行分割操作来提取有价值的部分用于后继处理。

5）高级处理部分。

高级处理主要包括验证得到的数据是否符合前提要求，估测特定系数，对目标进行分类、识别和重建等功能。高级处理部分的数据量通常很小。

（6）专家系统。

专家系统（Expert System）是一类具有专门知识的计算机智能软件系统，该系统对人类专家求解问题的过程进行建模，对知识进行合理表示，运用推理技术来模拟通常由人类专家才能解决的问题，能达到与专家同等解决能力的水平。专家系统是一种基于知识的系统，系统包含领域内专家的大量知识，拥有类似人类专家思维的推理能力，能用所具备的知识来解决实际问题，其广泛应用于医疗诊断、资源勘探、故障诊断、贷款损失评估等领域。

专家系统由知识库、推理机、综合数据库、解释器、人机交互界面和知识获取等部分构成。知识库用来存放专家提供的知识，知识库中知识的质量和数量决定着专家系统的质量水平。推理机采用正向推理或反向推理的方式来模拟专家解决问题的思维过程，针对当前问题的条件或已知信息，反复匹配知识库中的规则，产生新的结论，以得到问题的求解结果。综合数据库用于暂时存储推理过程中所需的原始数据、中间结果和最终结论。解释器能根据用户的提问对结论、求解过程作出说明，提高专家系统的易用性。人机交互界面是系统与用户交流时的界面，用户可在该界面上输入基本信息，回答系统提出的相关问题，并输出推理结果及相关解释。知识获取是采集知识并把知识输入知识库的过程。

专家系统的基本工作流程为：用户通过人机交互界面向系统提交求解问题和已知条件，推理机根据用户输入的信息和已知条件与结论匹配知识库中的规则，按照推理模式把生成的中间结论存放在综合数据库中，如果系统得到最终结论，则推理结束且将结果输出给用户；如果现有条件下系统无法推理出结果，则要求用户提交新的已知条件或直接宣告推理失败，系统可根据用户要求对推理结论进行解释。

（7）机器学习。

机器学习（Machine Learning）研究如何使计算机能够模拟或实现人类的学习功能，从大量数据中提取知识并不断更新。机器学习技术广泛应用于人工智能的各个分支，如模式识别、专家系统、机器视觉、自然语言理解、自动推理和智能机器人等。

机器学习领域的研究工作主要围绕以下三方面进行：

1）面向任务的研究：研究和分析改进一组预定任务执行性能的学习系统。

2）认知模型：研究人类学习过程并进行计算机模拟。

3）理论性分析：从理论上探索各种可能的学习方法和独立于应用领域的算法。

（8）机器人学。

机器人是一种可再编程序的多功能操作装置，可代替人从事有害环境中的危险工作，并在降低成本的基础上可以大大提高工作质量和生产效率。机器人为人工智能的研究提供了一个综合试验平台，可以全面检验人工智能各个领域的研究成果，推动人工智能的发展。机器人学（Robotics）是一种综合运用人工智能、电子学、控制论、信息传感、系统工程、精密机械、仿生学和心理学等多种学科和技术的综合性技术学科。

机器人学的研究和发展经历了 4 个阶段：遥控机器人、程序机器人、自适应机器人、智能机器人。遥控机器人需要靠人实时操纵来完成工作，如反恐排爆机器人。程序机器人靠事先装入存储器中的程序来控制动作，能从事安装、搬运和机械加工等工作，但对外界环境没有感知能力，如工厂流水线上的机械手。自适应机器人自身有一定感知能力，能根据外界环境改变自己的行动，具有初级智能，如机器蛇。智能机器人具有感知能力、思维能力和行为能力，能够主动适应外界环境的变化，可以通过学习汲取知识并提高工作能力。

机器人学的主要研究内容包括赋予机器人视觉、听觉和触觉的感知器及空间识别技术；用精密机械元件做成的肢体与计算机之间的结合方式；机器人从三维空间收集信息的处理方式；机器人识别外界环境的能力；机器人判断机理的工程化方法及软件等。

（9）人工生命。

人工生命（Artificial Life）研究用计算机等人造系统演示、模拟、仿真具有自然生命系统特征的行为。人工生命把器官作为简单机构的宏观群体来考察，从生命底层向上综合出由简单的、被规则支配的对象构成的更大的集合，并在交互作用中研究非线性系统的类似生命的全局动力学特性。

人工生命的研究内容有：生命自组织和自复制、发育和变异、系统复杂性、进化和适应动力学、自主系统、机器人和人工脑。

3.2.3 人工智能的应用领域

目前，人工智能的发展尚处于"弱人工智能"状态，人工智能产品的通用性较差，但人工智能的人脸识别、语义识别、语音合成、智能翻译等技术在金融、电商零售、安防、教育、医疗健康、个人助理及自动驾驶等垂直细分领域得到了广泛应用。

（1）金融。

人工智能在金融领域主要应用于智能投顾、智能客服、安防监控及金融监管等场景，通过机器学习、语音识别、视觉识别等技术来分析、预测、辨别交易数据、价格走势等信息，可以为客户提供投资理财、股权投资等服务，帮助客户规避金融风险，提高金融行业监管力度。将人工智能运用于金融服务的企业有蚂蚁金服、因果树、交通银行、Linkface（人脸识别互联网公司）等。

（2）电商零售。

人工智能在电商零售领域主要应用于仓储物流、智能导购和客户服务等场景中，利用大数据分析技术智能地管理仓储、物流、导购等程序，用以节省仓储物流成本、提高购物效率、简化购物程序。电商零售领域应用人工智能的领先企业有阿里巴巴、京东、亚马逊等。

（3）安防。

人工智能在安防领域主要应用于智能监控和安保机器人，依靠视频智能分析技术解决安防领域数据结构化、业务智能化和应用大数据化的问题，安防人员不仅可以通过对监控画面的智能分析及时采取安防行动，而且可以提高处理大量图像和视频信息的效率并降低人力成本。安防领域应用人工智能的领先企业有旷视科技、360、尚云在线等。

（4）教育。

人工智能在教育领域主要应用于智能评测、个性化辅导及儿童陪伴等场景，通过对大数据的收集和知识的归类，能够用算法为学生计算学习曲线以及为使用者匹配高校的教育模式。教育领域应用人工智能的领先企业有科大讯飞、云知声等。

（5）医疗健康。

人工智能在医疗健康领域主要应用于监测诊断、智能医疗设备等场景，通过大数据分析来诊断部分病症，可以减少误诊的发生。此外，手术机器人、仿生机械肢等人工智能产品也逐渐得到应用。医疗健康领域应用人工智能的领先企业有华大基因、碳云智能等。

（6）个人助理。

人工智能在个人助理领域主要应用于智能手机上的语音助理、语音输入、家庭管家和陪护机器人等场景，通过智能语音识别、自然语言处理、大数据搜索、深度学习神经网络实现人机交互。个人助理领域应用人工智能的领先产品有百度度秘、苹果 Siri（语言控制功能）、Amazon Echo（亚马逊智能音箱）、Google Assistant（谷歌语音助手）等。

（7）自动驾驶。

人工智能在自动驾驶领域主要应用于智能汽车、公共交通、快递用车、工业应用等场景，依靠人工智能、视觉计算、雷达、监控装置和全球定位系统协同合作，汽车可以在无人类主动操作的情况下自动安全地行驶。自动驾驶系统主要由环境感知、决策协同和控制执行组成。自动驾驶领域应用人工智能的领先企业有谷歌、百度、亚马逊、奔驰等。

3.3　人工智能的发展

从相关思想的提出到计算机的发明再到人工神经网络的应用，人工智能的发展在经历低潮期和飞跃发展之后正处于爆发阶段，人工智能将在世界范围内掀起发展热潮。

3.3.1　人工智能的发展简史

1956 年人工智能作为一门科学正式诞生于美国达特茅斯大学召开的一次学术会议上，而人工智能相关的思想与技术经历了漫长的历史发展时期。人工智能的发展大概分为 3 个阶段：1956 年之前的孕育期，1956—1969 年的形成期，1970 年至今的发展期。

（1）孕育期（1956 年之前）。

在此阶段，数理逻辑、控制论、自动机理论、仿生学、计算机等模型、方法及技术的进展为人工智能的发展奠定了思想、理论和物质基础。

1）公元前 4 世纪，亚里士多德（Aristotle）在《工具论》中提出的三段论是演绎推理的基本依据。

2）1642 年，法国数学家帕斯卡（Blaise Pascal）发明了第一台机械计算器——加法器，开创了机械计算的时代。

3）1673 年，德国数学家莱布尼兹（G. Leibniz）发明了可进行全部四则运算的计算器，并提出了"通用符号"和"推理计算"的概念，形式逻辑符号化的思想为梳理逻辑的产生和发展奠定了基础，并催生了现代机器思维设计思想。

4）1849 年，英国逻辑学家布尔（G. Boole）创立了布尔代数，命题逻辑的建立和发展能够实现用符号语言描述思维活动。

5）1936 年，英国数学家图灵提出的理想计算机数学模型——图灵机，为电子数字计算机的问世奠定了理论基础。

6）1943 年，美国神经生理学家麦库仑奇（W. McCulloch）和佩兹（W. Pitts）提出了第一个神经网络模型——M–P 模型，开创了微观人工智能的研究工作，奠定了人工神经网络发展的基础。

7）1946 年，美国数学家马士利（J. W. Mauchly）和埃克特（J. P. Eckert）研制出了世界上第一台电子数字计算机 ENIAC（电子数字积分计算机）。

8）1950 年，图灵提出了图灵测试，认为"机器能思维"；香农（C. E. Shannon）开发了第一个计算机下棋程序，开创了计算机非数值计算的先河。

（2）形成期（1956—1969 年）。

人工智能学科诞生后的早期研究成果推动了人工智能的蓬勃发展。

1）1956 年，亚瑟·撒米尔（Arthur Samuel）开发出了具有自学习能力的西洋跳棋程序，为机器模拟人类学习过程的技术探索作出了重大贡献。

2）1957 年，纽厄尔（A. Newell）、肖（J. Shaw）和西蒙（H. Simon）等人编制出一个被称为逻辑理论机（The Logic Theory Machine）的数学定理证明程序，该程序模拟人类用数理逻辑证明定理时的思维规律。纽厄尔、肖和西蒙揭示了人在解题时的思维过程：先想出大致的解题计划；根据记忆中的公理、定理和推理规则组织解题过程；进行方法和目的分析，修正解题计划。1960 年，他们基于人的解题思维过程开发出了能解答 10种不同类型课题的通用问题求解程序（General Problem Solving，GPS）。此外，他们的团队还发明了编程的表处理技术、NSS 国际象棋机、模拟人的口语学习和记忆的 EPAM 模型以及早期自然语言理解程序 SAD – SAM 等。

3）1960 年，麦肯锡（McCarthy）在 MIT（麻省理工学院）研制出了人工智能语言 LISP。

4）1965 年，鲁滨逊（J. A. Robinson）提出了归结原理，为自动定理证明作出了突出贡献。

5）1968 年，斯坦福大学的费根鲍姆（E. A. Feigenbaum）研发的专家系统 DENDRAL 投入使用，该系统能够根据质谱仪的实验数据分析推理出化合物的分子结构。该专家系统对探索知识表示、存储、获取、推理及利用等技术以及人工智能的发展产生了重大的影响。

（3）发展期（1970 年至今）。

1970 年以后，人工智能的发展在经历低潮期以后获得了飞跃式发展。

从 20 世纪 70 年代开始，国际上召开并创办了多个人工智能国际会议和国际期刊，如国际人工智能联合会议（IJCAI）、欧洲人工智能会议（ECAI）、中国人工智能学会及国际期刊《人工智能》，有力地推动了人工智能的发展。

然而，人工智能研究在 20 世纪 60 年代末至 70 年代末遭遇了重大挫折，进入低潮期。诸如下棋程序多次输棋、机器翻译频频出错、人工智能程序无法面对问题求解巨大的搜索空间、人工神经网络应用失效等问题使人们对人工智能研究产生了质疑。人工智能研究者们调整研究思想和方法后很快找到新的研究方向，人工智能研究迅速再度兴起。

1977 年，费根鲍姆在《人工智能的艺术：知识工程课题及实例研究》报告中提出了"知识工程"的概念。知识工程主张用人工智能的原理和方法实现专家知识的获取、表示、推理和解释以解决应用难题。人工智能从对一般思维规律的探讨转向以知识为中心的研究，知识工程的兴起使人工智能从理论转向应用。这一时期兴起了专家系统和智能计算机的研发热潮，但人们发现传统的人工智能方法所开发的专家系统只适用于知识库所涵盖的领域，不能实现人与环境的交互行为，专家系统的实用性较差。基于这种认识，以知识处理为核心去实现软件的智能化，开始成为人工智能应用技术的主流开发方法，它要求知识处理建立在对应用领域和问题求解任务的深入理解上，并扎根于主流计算环境之中。

人工神经网络理论和技术在 20 世纪 80 年代取得了重大突破和发展。1982 年，霍普菲尔德（John Hopfield）提出并实现了一种新的全互联的神经元网络模型，成功解决了旅行商问题（TSP）。1986 年，儒梅哈特（Rumelhart）发现了反向传播算法（BP 算法），解决了受到明斯基责问的多层网络学习问题，成为被广泛应用的神经元网络学习算法。人工神经网络技术广泛应用于模式识别、故障诊断、预测和智能控制等多个领域。

如今，虽然人工智能的发展尚处于"弱人工智能"状态，但是人工智能的产品开发与产业发展正处于爆发期，人工智能的革命性进展源于深度学习。视觉物体识别、人脸识别、唇语识别等人工智能技术已经达到或超过人类智力的水平，速记等语音识别技术也可媲美人类。未来五到十年，以大数据深度 CNN（卷积神经网络）为基础的"弱人工智能"与产业的发展将进入爆发期。人工智能的发展方向是专注于垂直细分领域特定应用场景的选择和大数据的利用，以应用场景、人工智能算法、大数据和计算平台四个维度，推动"弱人工智能"产品和产业的发展与商业落地。

3.3.2　中国人工智能发展现状

中国是从 1978 年开始对人工智能课题进行研究，如今中国的人工智能研究和应用实力已处于世界领先水平。根据 IResearch（艾瑞网）的研究，

2015 年，语音和图像识别分别占中国 AI 市场的 60% 和 12.5%，预计到 2020 年，中国的人工智能市场规模将由 2015 年的 12 亿元增长到 91 亿元。中国的互联网巨头 BAT（百度、阿里巴巴、腾讯）以及数百个初创公司为人工智能在细分领域的研究和应用作出了重大贡献，71% 的中国人工智能公司集中于应用开发领域，其他公司则聚焦于算法，其中开发计算机视觉的占 55%，研究自然语言处理的占 13%，基础机器学习的占 9%。中国人工智能的产品开发与产业发展正处于爆发期，拥有世界领先水平的语音和图像识别技术，深度学习和深度网络神经的研究和应用水平已经超越美国。

此外，中国人工智能发展得到了政府的大力支持。2016 年 5 月 18 日，中华人民共和国国家发展和改革委员会联合相关部门发布了《"互联网＋"人工智能三年行动实施计划》，在资金、系统标准化、知识产权保护、人力资源发展、国际合作和实施安排六个方面支持人工智能的发展，确立了在 2018 年前建立基础设施、创新平台、工业系统、创新服务系统和 AI 基础工业标准化这一目标。

3.4　人工智能的典型应用

人工智能在金融、电商零售、医疗健康、自动驾驶等领域的应用日益深入，下文中我们以人工智能在金融领域和医疗领域的应用为例。

3.4.1　人工智能在金融领域的应用

（1）人工智能在金融领域的应用场景。

人工智能的技术结合金融领域的需求可产生四大类应用场景：语音识别与自然语言处理应用于智能客服、语音数据挖掘、柜员业务辅助等场景；计算机视觉与生物特征识别应用于人像监控预警、员工违规行为监控、核心区域安全和交易安全等场景；机器学习与神经网络应用于智能投顾、金融预测和反欺诈、授信融资、投资决策、辅助决策系统、保险定价等场景；服务机器人技术应用于机房巡检和网点实体服务等场景。目前，语音识别技术在金融领域的应用相对成熟，而其他人工智能技术的商业应用尚处于初期阶段。

1）语音识别与自然语言处理应用。

第一，智能客服。

智能客服技术借助电话客服渠道、网上客服、App（智能手机第三方应用程序）、短信、微信及智能机器人终端与客户进行语音或文本的互动交流，能够理解客户的业务需求，语音回复客户提出的业务咨询，并能根据客户语音提供导航服务至指定业务模块。智能客服的应用目标是整合企业对外的客户服务通道，并提供多模式融合的在线智能客服，对内实现语音分析、客服助理等商业智能应用。智能客服能够提升客户满意度，减轻人工服务压力，降低客户服务成本。

第二，语音数据挖掘。

语音语义分析技术可自动给出重点信息的聚类，联想数据集合的关联性，检索关键词并汇总热词，发现最新的市场机遇和客户关注热点，为服务和营销提供数据与决策支持。同时，可根据金融行业客服与客户的通话情况，梳理统计业务、咨询热点问题，机器可实现自动学习并生成知识问答库，作为后续机器自动回复客户问题的参考依据。

2）计算机视觉与生物特征识别应用。

计算机视觉与生物特征识别技术主要应用于安防监控。人像监控预警是利用网点和 ATM 的摄像头识别区域内可疑人员的特征和动作，也可用于识别客户身份。员工违规行为监控是利用网点柜台内部摄像头监督和跟踪员工行为，如利用图形视频处理技术识别员工的违规行为并及时上报后台监控人员。核心区域安全监控是在保险柜、金库、机房等核心区域使用人脸识别验证的方式，增加安全管理系数。

3）机器学习与神经网络应用。

第一，智能投顾。

智能投顾是采用多层神经网络和人工智能算法的系统，可实时采集所有重要的经济数据指标并自动学习相关知识，为客户提供资产管理和在线投资的策略建议和解决方案，实现个人客户的批量投资顾问服务，降低财富管理的服务门槛。

第二，金融预测、反欺诈。

金融预测和反欺诈是基于深度学习技术构建金融知识图谱，使得机器能从海量金融数据中自动识别欺诈交易，提前预测金融交易的变化趋势并做出应对。

4）服务机器人技术应用。

机房巡检机器人能替代或辅助人工监控，及时发现并处理潜在风险。网点智慧机器人能够为客户提供业务咨询答疑、辅助分流等服务，同时能够采集客户数据，开展大数据精准营销工作，完成查询、开卡、销卡等辅助业务的办理。

（2）人工智能对金融领域的影响。

人工智能在金融领域的应用将重新建构金融服务的生态，大大改善金融服务和金融大数据处理能力。

1）人工智能使金融行业的服务模式更加主动。

互联网技术和互联网金融的发展强烈冲击了传统银行类金融机构的市

场地位，金融领域越来越追求高效的、智能的、精准的交互式服务。而人工智能的应用将使金融产品、客户服务方式、客户接触渠道、风险管理、投资决策等发生变革，人工智能技术在前端可以做到批量个性化的客户服务，在中台支持授信、金融交易和金融分析中的决策，在后台可用于金融风险防控和监督。金融服务的智能化和个性化将提高金融行业的运作效率和服务质量。

2）人工智能将大幅提升金融大数据处理能力。

金融领域积累了海量的金融交易、客户信息、风险控制、市场分析等数据，大量非结构化的数据不仅占用存储资源，而且无法转化成有市场价值的分析数据。而人工智能利用深度学习技术能够有效地进行数据学习并提取知识，不断完善甚至超过人类的知识回答能力，尤其在处理风险管理和交易的复杂数据方面，人工智能的应用将大幅降低人力成本，并提升金融风控和业务处理能力。

（3）人工智能在金融领域的应用举例。

金融领域应用人工智能的企业有银行、保险及互联网金融等，下面以交通银行、平安集团和蚂蚁金服为例说明人工智能在金融领域的应用现状。

1）交通银行。

交通银行于 2015 年开始使用智能网点机器人为客户提供服务，机器人采用语音识别和人脸识别技术，可以实现人机语音交流，机器人能回答客户的各种问题，为客户介绍银行业务或提供指引服务，能够有效地分流客户，节省客户的办理时间，提高银行服务效率。

2）平安集团。

平安集团运用人像识别技术，既可以识别可疑人员和可疑行为，提高可监控区域的安全性，又可用来识别银行 VIP 客户，提供个性化服务。另外，平安天下通 APP 利用人脸识别技术可以实现远程身份认证，用户在 APP 上完成指定动作识别即可以进行 APP 解锁、刷脸支付和刷脸贷款等操作。

智能客服可以在用户拨打客服电话并说出服务需求后，自动识别客户语音内容并转接相应模块，节省了客户选择模块菜单的时间。智能客服还可以实现简单问题直接回复与复杂问题转接人工服务的人机结合，大大提高了为客户解决问题的效率。

3）蚂蚁金服。

蚂蚁金服将机器学习和深度学习等人工智能技术应用于互联网小贷、保险、征信、智能投顾和客户服务等多个领域。网商银行的"花呗"与微贷业务利用机器学习把虚假交易率降低了近 10 倍；基于深度学习的 OCR 系统使支付宝的证件审核时间从 1 天缩短到 1 秒，并提升了 30% 的通过率；远程客户服务基本上由大数据智能机器人完成，支付宝客户端的客服功能可以根据用户使用的服务、时长及行为等变量分析出用户的疑问点，并通过深度学习和语义分析等技术自动回答用户的问题。

3.4.2 人工智能在医疗领域的应用

近年来，智能医疗在国内外的发展热度不断提升。一方面，图像识别、深度学习、神经网络等关键技术的突破带来了人工智能技术新一轮的发展，大大推动了以数据密集、知识密集、脑力劳动密集为特征的医疗产业与人工智能的深度融合。另一方面，随着社会进步和人们健康意识的觉醒，人口老龄化问题的不断加剧，人们对于提升医疗技术、延长人类寿命、增强健康的需求也更加急迫。而实践中却存在着医疗资源分配不均，药物研制周期长、费用高，以及医务人员培养成本过高等问题。对于医疗进步的现实需求极大地刺激了以人工智能技术推动医疗产业变革升级浪潮的兴起。

（1）人工智能在医疗产业的主要应用场景。

从全球创业公司实践的情况来看，智能医疗的具体应用包括洞察与风险管理、医学研究、医学影像与诊断、生活方式管理与监督、精神健康、护理、急救室与医院管理、药物挖掘、虚拟助理、可穿戴设备以及其他。总结来看，目前人工智能技术在医疗领域的应用主要集中于以下五个领域：

1）医疗机器人。

机器人技术在医疗领域的应用并不少见，比如利用智能假肢、外骨骼和辅助设备等技术修复人类受损身体的应用，或医疗保健机器人辅助医护人员工作等。目前实践中的医疗机器人主要有两种：一是能够读取人体神经信号的可穿戴型机器人，也称为"智能外骨骼"；二是能够承担手术或医疗保健功能的机器人，以 IBM 公司开发的"达·芬奇手术系统"为典型代表。

2）智能药物研发。

智能药物研发是指将人工智能中的深度学习技术应用于药物研究，通过大数据分析等技术手段快速、准确地挖掘和筛选出合适的化合物或生物，达到缩短新药研发周期、降低新药研发成本、提高新药研发成功率的目的。人工智能通过计算机模拟，可以对药物活性、安全性和副作用进行预测。借助深度学习，人工智能已在心血管药、抗肿瘤药和常见传染病治疗药等多领域取得了新突破。在抗击"埃博拉"病毒中智能药物研发也发挥了重要的作用。

3）智能诊疗。

智能诊疗就是将人工智能技术用于辅助诊疗中，让计算机"学习"专家医生的医疗知识，模拟医生的思维和诊断推理，从而给出可靠诊断和治疗方案。智能诊疗场景是人工智能在医疗领域中最重要、最核心的应用场景。

4）智能影像识别。

智能医学影像是将人工智能技术应用在医学影像的诊断上。人工智能在医学影像上的应用主要分为两部分：一是图像识别，应用于感知环节，其主要目的是对影像进行分析，获取一些有意义的信息；二是深度学习，应用于学习和分析环节，凭借大量的影像数据和诊断数据，不断对神经元网络进行深度学习训练，促使其掌握诊断能力。

5）智能健康管理。

智能健康管理是将人工智能技术应用到健康管理的具体场景中。目前主要集中在风险识别、虚拟护士、精神健康、移动医疗、健康干预以及基于精准医学的健康管理。

风险识别：通过获取信息并运用人工智能技术进行分析，识别疾病发生的风险，并提供降低风险的措施。

虚拟护士：收集病人的饮食习惯、锻炼周期、服药习惯等个人生活习惯信息，运用人工智能技术进行数据分析并评估病人整体状态，协助规划日常生活。

精神健康：运用人工智能技术从语言、表情、声音等数据上进行情感识别。

移动医疗：结合人工智能技术提供远程医疗服务。

健康干预：运用 AI 对用户体征数据进行分析，定制健康管理计划。

（2）人工智能在医疗产业应用的典型案例。

1）医疗机器人。

世界上最有代表性的手术机器人就是"达·芬奇手术系统"。达·芬奇手术系统分为两部分：手术室的手术台和医生可以在远程操控的终端。

手术台是一个有三只机械手臂的机器人，它负责对病人进行手术，每一个机械手臂的灵活性都远远超过人，而且带有摄像机可以进入人体内进行手术，这样不仅手术的创口非常小，而且能够实施一些人类很难完成的手术。在控制终端上，计算机可以通过几台摄像机拍摄的二维图像还原出人体内的高清晰度的三维图像，以便监控整个手术过程。目前全世界共装配了 3000 多台达·芬奇机器人，完成了 300 万例手术。

2）智能药物研发。

美国硅谷公司 Atomwise 通过 IBM 超级计算机，在分子结构数据库中筛选治疗方法，评估出 820 万种药物研发的候选化合物。2015 年，Atomwise 基于现有的候选药物，应用人工智能算法，在不到一天时间内就成功地寻找出能控制"埃博拉"病毒的两种候选药物。

除挖掘化合物研制新药外，美国 Berg 生物医药公司通过研究生物数据研发新型药物。Berg 通过其开发的 Interrogative Biology（疑问生物学）人工智能平台，研究人体健康组织，探究人体分子和细胞自身防御组织以及发病原理机制，利用人工智能和大数据来推算人体自身分子内潜在的药物化合物。这种利用人体自身的分子来医治类似于糖尿病和癌症等疑难杂症，要比研究新药的时间成本与资金少一半。

3）智能诊疗。

国外最早将人工智能应用于医疗诊断的是 MYCIN 医学专家系统。我国研制基于人工智能的专家系统始于 20 世纪 70 年代末，但是发展很快。早期的有北京中医学院研制成的"关幼波肝炎医疗专家系统"，它是模拟著名老中医关幼波大夫对肝病诊治的程序。20 世纪 80 年代初，福建中医学院与福建计算机中心研制的"林如高骨伤计算机诊疗系统"。其他如厦门大学、重庆大学、河南医科大学、长春大学等高等院校和其他研究机构开发的基于人工智能的医学计算机专家系统，都成功应用于临床。

在智能诊疗的应用中，IBM Watson（认知计算系统）是目前最成熟的案例。IBM Watson 可以在 17 秒内阅读 3469 本医学专著、248000 篇论文、69 种治疗方案、61540 次试验数据、106000 份临床报告。2012 年 Watson 通过了美国职业医师资格考试，并部署在美国多家提供辅助诊疗服务的医院。目前 Watson 提供诊治服务的病种包括乳腺癌、肺癌、结肠癌、前列腺癌、膀胱癌、卵巢癌、子宫癌等多种癌症。IMB Watson 实质是融合了自然语言处理、认知技术、自动推理、机器学习、信息检索等技术，并给予假设认知和大规模的证据收集、分析、评价的人工智能系统。

4）智能影像识别。

贝斯以色列女执事医学中心（BIDMC）与哈佛医学院合作研发的人工智能系统，对乳腺癌病理图片中癌细胞的识别准确率能达到 92%。

美国企业 Enlitic 将深度学习运用到了癌症等恶性肿瘤的检测中，该公司开发的系统的癌症检出率超过了 4 位顶级的放射科医生，诊断出了人类医生无法诊断出的 7% 的癌症。

5）智能健康管理。

第一，风险识别。

风险预测分析公司 Lumiata，通过其核心产品——风险矩阵（Risk Matrix），在获取大量的健康计划成员或患者电子病历和病理生理学等数据的基础上，为用户绘制患病风险随时间变化的轨迹。利用 Medical Graph 图谱分析对病人作出迅速、有针对性的诊断，从而将病人分诊时间缩短 30% ~40%。

第二，虚拟护士。

Next IT 公司开发的一款慢性病患者虚拟助理（Alme Health Coach）

APP，是专为特定疾病、药物和治疗设计配置的。它可以与用户的闹钟同步，来触发例如"睡得怎么样"的问题，还可以提示用户按时服药。这种思路是收集医生可用的可行动化数据，来更好地与病人对接。该款 APP 主要服务于患有慢性疾病的病人，其基于可穿戴设备、智能手机、电子病历等多渠道数据的整合，综合评估病人的病情，提供个性化健康管理方案。

美国国立卫生研究院（NIH）投资了一款名为 AiCure 的 APP。这款 APP 通过将手机摄像头和人工智能相结合，自动监控病人服药情况。

第三，精神健康。

2011 年，美国 Ginger. IO 公司开发了一个分析平台，通过挖掘用户智能手机数据来发现用户精神健康的微弱波动，推测用户生活习惯是否发生了变化，根据用户习惯来主动对用户提问。当情况变化时，会推送报告给身边的亲友甚至医生。

Affectiva（情绪识别公司）公司开发的情绪识别技术，通过网络摄像头来捕捉、记录人们的表情，并能分析、判断出人的情绪是喜悦、厌恶还是困惑等。

第四，移动医疗。

Babylon（巴比伦翻译软件公司）开发的在线就诊系统，能够基于用户既往病史与用户和在线人工智能系统对话时所列举的症状，给出初步诊断结果和具体应对措施。

AiCure 是一家提醒用户按时用药的智能健康服务公司，其利用移动技术和面部识别技术来判断患者是否按时服药，再通过 APP 来获取患者数据，用自动算法来识别药物和药物摄取。

第五，健康干预。

Welltok 公司通过旗下的 Café Well Health 健康优化平台，运用人工智能技术分析来源于可穿戴设备的 Map My Fitness 和 Fit Bit 等合作方的用户体征数据，提供个性化的生活习惯干预和预防性健康管理计划。

（3）人工智能在国内医疗领域的发展现状。

根据方正证券发布的互联网医疗深度报告："中国互联网医疗发展经历了三个阶段：信息服务阶段，实现人和信息的连接；咨询服务阶段，实现人和医生连接；诊疗服务阶段，实现人和医疗机构的连接。"在实际的产业发展中，中国智能医疗仍处于起步阶段，但受资本的追捧，多家智能医疗创业公司已顺利获得融资。在未来的发展中，国内公司应当加强数据库、算法、通用技术等基础层面的研发与投资力度，在牢固基础的同时进一步拓展智能医疗的应用领域。

参考文献

［1］鲍军鹏，张选平．人工智能导论［M］．北京：机械工业出版社，2009．

［2］王万森．人工智能原理及其应用［M］．北京：电子工业出版社，2007．

［3］［美］尼尔森．人工智能［M］．郑扣根，等译．北京：机械工业出版社，2000．

［4］邵军力，张景，魏长华．人工智能基础［M］．北京：电子工业出版社，2000．

4 管理大数据来了

2012 年，随着数据统计单位从 TB（1024 GB）级跃升至 PB（1024 TB）级别，大数据时代全面到来，而云计算等技术的实现，进一步揭开了数字化商业时代的帷幕。大数据时代，每家公司都在创造着大量结构化和非结构化的数据，而未来的每一笔生意都将是数据的生意。面对海量数据带来的信息爆炸，如何利用、挖掘、深入洞察数据的价值成为每家企业实际面临的考验。虽然大数据带来的"金矿"就摆在眼前，但是如何真正"掘金大数据"却成为摆在每家企业面前的难题。中源数聚通过深入洞察，希望能帮助企业真正发现和应用管理大数据，推动其数据资产的积累与价值提升。

4.1 盘活数据资产

随着社会发展水平的不断提高，企业所制定的决策不再仅仅依靠公司高层多年的管理经验，现在更加强调由市场收集数据加以分析，得出信息。数据分析结果是市场对公司产品或服务的客观反映，公司对数据精确的处理分析可以大大提高经营决策的准确性，减少人为因素或个人主观判断所带来的风险。但是，从多数公司在市场的运行情况来看，企业对收集而来的信息处理不当，只是简单地对数据进行汇总归纳，没有深层次地挖掘数据而反映出根本性问题，从而在经营决策中作出错误的判断。在大数据时代背景下，对市场数据不加以处理或者处理失误，都是对资源的一种浪费，因此，公司必须摒弃旧有管理模式，培养新的经营理念，在满足即时性要求的基础上努力提高数据分析结果的准确性，逐步建立起以数据为导向的公司决策机制。从生活习惯、商业模式到产业创新，大数据正在给整个世界带来前所未有的巨大变革，甚至是为企业重新塑造"以客户为中心"的内部价值链。然而长久以来，在大数据的行业应用中，网络之间的互联互通、业务之间的协同合作、数据之间的流通共享，一直都是摆在行业人士面前的三大难题。这也导致蕴藏在大数据中的巨大价值难以被充分挖掘。为了打通不同行业、不同部门之间的联通障碍，实现业务协同与数据共享，以数据驱动经济增长，建立强而有力的数据资产管理势在必行。

4.1.1　数据资产管理的内涵与特征

（1）数据资产管理的内涵。

在 2012 年瑞士达沃斯经济论坛上，"数据资产"作为一个新热点被反复提及，《大数据、大影响》议题下的一份报告指出："数据已经成为一种同货币或黄金一样的新型经济资产类别。"事实上数据的价值已经在零售业、互联网、电信、电子商务等领域得到了反复验证，数据挖掘、大数据分析也已经在这些领域进入了规模应用阶段，涌现出大量提供数据服务的专业公司。

数据资产管理的核心是数据资产化，即将数据作为与实物资产、知识资产、人才资产一样的能为企业不断创造价值的核心资产，构建完善、统一的管控架构对其进行管理，更好地应对大数据发展对企业运营带来的挑战。

（2）数据资产管理的特征。

通过对比经典的资产管理理论，可以得出数据资产的三个核心特征：首先，数据资产是一类可供不同用户使用的资源。同实物资产、无形资产一样，数据资产首先是一种资源，可以通过合理应用创造价值。但与前两类资产不同，数据资产的应用范围更广，不再局限于企业内某一专业，甚至不再局限于企业内部，企业可以通过将自身的数据资产进行出租、出售而产生效益。目前一些电信运营商就通过将用户行为数据（去除了姓名、地址等个人隐私信息）出售给提供互联网精准广告服务公司而获益，后者则通过对这些数据进行数据挖掘、分析，实现精准的广告投送而获益。

其次，通过数据资产产生的价值应大于其生产、维护的成本。数据的产生、存储、维护、管理都是需要成本的，只有那些价值大于其成本的数据才可以归为数据资产。类比资产回报率，我们可以提出"数据回报率"的概念，即数据回报率＝数据效益/数据成本。从这个角度来看，当前企业所积累的海量数据中，可以归入资产一类的只占非常小的比例。

最后，数据资产是有生命周期的。既然是资产就必然存在生命周期，简单说就是数据会过时，不是保存越多越好、越长越好，当其价值已经无法抵消其存储、维护成本后，就应该将其作"退役处置"，就如同设备资产一样。同时数据资产管理中也要实现对数据采集、存储、维护、应用、归档的全生命周期管理。

数据资产管理是现代企业管理下的必然产物，也是开展大数据应用、实现数据化运营转型的必要途径。所谓数据化运营就是企业一切经营活动都是基于数据开展的，数据不再只是诊断辅助，而是引导企业发展战略、经营策略乃至具体工作方针的制订。通过开展数据资产建设，将显著提升企业的数据管理水平，形成统一的数据视图和数据规范，推动各专业对数据的认识提升，为大规模数据应用奠定基础。

4.1.2　数据管理战略的攻与守

在海量数据面前，是否具有管理大量数据流的能力攸关企业成败。企业需要连贯一致的战略来组织、治理、分析和利用组织的信息资产，在以安全和治理为代表的防守战略与以预测性分析为代表的进攻战略之间取得平衡，是企业实施数据战略的关键。

数据防守战略包括保证合规，使用分析工具检测和防范欺诈，构建系统防止数据失窃，识别、标准化和治理可靠数据来源，以保证公司内部系统中数据流的完整性。数据进攻战略包括数据分析建模、整合不同顾客和市场数据等产生顾客洞察的活动，以支持增加收入、提高盈利率及顾客满意度等商业目标。企业选择进攻战略还是防守战略取决于迥然不同的商业目标及为达成商业目标设计的行动。

企业的数据架构描述的是如何收集、存储、转换、分配和消费数据，包括管控结构化形式的规则以及连接数据和消耗数据商业流程的系统。信息架构支配将数据转化为有用信息的流程和规则。在现实应用中，数据和信息架构方法包括单一真相源（Single Source of Truth，SSOT）和多版本真相（Multipleversions of the Truth，MVOTs）。SSOT 作用于数据层面。SSOT 是有逻辑的、虚拟的和基于云的数据仓库，包含所有关键数据的权威副本，比如客户、供应商和产品细节，必须具备坚实的数据来源和治理控制，所有数据必须利用统一的语言，而不能只适用于特定的业务部门或职能。MVOTs 支持信息管理。MVOTs 产生于特定业务的数据到充满"相关性和目的"的数据转换，随着部门或职能中各种团体转变、标注和汇报数据，它们也会创造出不同的、被管控的数据版本，当被询问时，这些数据版本能根据这些团体预先确定的需求产生连贯的、定制化回应。

企业的 CEO 需要关注公司整体战略、公司法规环境、竞争对手数据能力、数据管理实践成熟度，以及数据预算多少等要素来决定其公司目前及理想的攻防定位。攻与守往往需要 IT 部门和数据管理组织采取不同的方式，数据防守是日常性的运营工作，数据进攻涉及与商业领导者在战术和战略计划上合作。在多数组织设计中，数据管理职能可以按职能或部门成立，采用中心化或者去中心化的方式。去中心化设计适合进攻型战略，中心化设计适合防守型战略。

如今，管理数据的重要性与日俱增，企业需要构建数据战略和强大的数据管理职能。未来，机器学习等新兴技术可能会催生下一代数据管理能力，或将简化攻守战略的实施。

4.1.3　数据资产变现的挑战

面对瞬息万变的市场，企业管理层需要在短时间内获取简明、直观的数据信息，并对后续经营管理作出决策，这些都依赖于对数据资产的有效管理。如果企业能够将上述这些关键环节的运作落到实处，配合成熟的系统和平台，就能提升数据资产的利用层次，从而达到从数据的产生到数据资产转化的有效管理。

挑战一：缺少深入行业的数据洞察能力。

面对海量的数据信息，企业并不能真正地将其转化为对自身或社会有价值的"数据资产"，只有深度洞察数据背后的价值，才能使数据为企业的决策、发展提供支持。很多企业受困于数据本身，拥有大量时间跨度久远、内容形式多样、体量庞大的沉睡数据，缺乏数据洞察的技术实力和分析能力，数据没有转化为资产，反而变为负担。

挑战二：无法真正打通数据孤岛。

在现实世界里，各个行业间的信息在不同的交互过程中，呈现出一个真实立体的世界，从而在企业决策、营销、产品等各个层面提供信息支持。而在大数据的世界中，通过"数字化"能够高效、深度地洞察真实世界的各种形态，发掘数据背后的价值。然而在现阶段，数据领域在行业间存在着壁垒，社会上存在着一个个拥有海量数据信息的"孤岛"，在异构数据的获得上存在着不足，只有真正打通行业间的数据孤岛，支撑起立体的信息解构体系，"大数据的变现能力"才会获得根本上的解放、实现飞跃的增长。

挑战三：大数据产业生态圈还未完整建立。

在互联网、移动互联网推动的大潮下，中国的新经济领域获得了将近20年的快速增长，信息时代与创新技术共同催生了大数据时代的到来。但是整体产业生态圈建立还处于初期阶段，大数据领域的上下游企业还处于成长中，产业链远未发展成熟，达到良性的自成长体系发展尚待时日。这也成为延缓大数据领域全面商业化运作的客观原因。

挑战四：不容忽视的资本助推力量。

各行业从"产业资本时代"逐步迈入"金融资本时代"。资本在行业发展中的杠杆效应急剧增强。正确运用资本的力量，将为一个行业赢得"一日千里"的发展契机。大数据行业有着亿万级规模的市场，拥有产业链上下游的众多企业，同时规模庞大、企业数量众多，又是一个相对专业的领域，无形中为资本市场的进入设置了一定的门槛，投融资机构对于产业的了解还需要一定的时间，而大量初创及小型企业会面临比较多的来自资金方面的压力。这在一定程度上也延缓了行业整体快速、有序、健康、迭代的发展步伐。

4.2　什么是管理大数据

或许移动互联网的红利正在消退，但数据红利却刚刚开始。随着全球数据量进入爆发阶段，基于海量数据深度学习的人工智能正在带来新一轮产业变革。"数据＋人工智能"恐将成为未来 5～10 年的科技投资主线。而这一概念不仅仅会在互联网企业中兴起，更成为传统管理咨询行业进行"互联网＋"转型的新引擎。

"大数据"时代已经到来，并对我们的现实生活、企业的运营管理模式提出了新的挑战，也带来新的市场机会。企业对数据分析的需求大幅上升，需要借助数据分析专业服务机构的支持，快速挖掘数据背后的潜在价值，为其经营管理决策、投资决策提供科学和理性的决策依据。

中源数聚通过平台的模式，对接客户的数据需求，解决客户的数据缺失问题，完善数据维度，提升使用效率，协助客户进行数据资产管控。平台本身会对接多维度的丰富数据，保证数据的安全性与接入效率，是管理数据输出与流入的最佳渠道。

4.2.1 管理大数据的内涵

中源数聚在率先提出"管理大数据"概念并完整构建了管理大数据模型与数据结构（均已申请知识产权保护），建立了强大的企业管理数据库，为企业实现科学管理与管理变革提供坚实的管理数据支撑。大数据体系如图 4-1 所示。

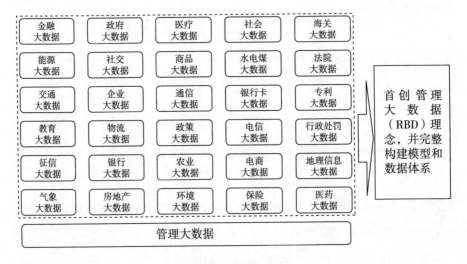

图 4-1 大数据体系

管理大数据是企业发展过程中不断积累的，涉及战略、组织、人力资源、企业文化等专业领域的各项管理数据。众多企业的管理数据整合到一起，可以形成多生态跨产业链的垂直整合、横向共享，具有"海量"的完整生态体系特征。企业通过对管理大数据的使用，将数据价值转换成时间价值，进而转换成管理价值与经济价值。

管理大数据有三层含义：一是"管理数据"；二是"海量"；三是"人工智能"（如图 4-2 所示）。

管理大数据（RBD）三层含义
■ 管理数据
■ 海量
■ 人工智能

图4-2　管理大数据的三层含义

对于企业而言，"管理数据"可以是自身或者其他企业的管理信息和数据积累。例如对于某钢铁企业来说，该行业其他企业过去和现在的战略描述、组织信息、管理制度、管理变革过程记录等都属于管理数据；这种数据具有常年、广泛的积累，可以称之为管理大数据；管理大数据可以为组织变革提供及时有效的支撑，很多时候比企业聘请咨询顾问更有价值，也更加可靠。

中源数聚管理大数据平台的数据来源包括互联网、行业协会和政府主管部门、专家学者、咨询师、高校、券商、投行、咨询同行、企业、合作站点和数据公司等诸多方面，加之仁达方略多年的管理数据积累，已经打造起堪称全球最大的管理数据仓库，并积累了丰富的管理大数据应用经验。

（1）深度服务行业大客户，实现数据资产的商业应用变现。

中源数聚作为全球领先的管理大数据综合服务商，拥有超过30个细分领域的管理数据储备。中源数聚综合运用最新的大数据挖掘技术，以及自身大量的专业积累，帮助各行各业的企业真正有效地实现管理大数据的应用价值。将大小数据深度结合，解决结构化数据与非结构化数据的衔接，帮助各垂直领域的行业大型企业用好数据资产，创造出深层价值，助力企业管理的转型升级。

（2）建立管理大数据交易平台，打通数据孤岛。

中源数聚将倾力打造大数据领域的"云平台"战略。用开放共享的互联网精神汇聚长尾大数据，打通大数据孤岛，真正实现跨行业、跨领域的异构数据共享，最大化数据变现的商业前景。

中源数聚凭借自身的研究实力，投入建设管理数据资源池，逐步实现管理大数据交易平台的打造。通过共享、合作的方式深入各细分领域的管理应用层，让天下没有"难用"的管理数据。

（3）构建管理大数据生态体系，实现行业的全面升级。

信息时代引爆了整个产业的幂次方增长模式，在未来"数据资产"将成为帮助企业实现幂次方增长最强劲的动力源。

中源数聚结合自身在管理大数据领域的研究实力和积累，服务于整个管理大数据产业链，构建完善的管理大数据生态体系，打通上、中、下游企业，建立管理大数据领域的良性循环体系，服务于管理大数据领域的组织和个人，如图4-3所示。

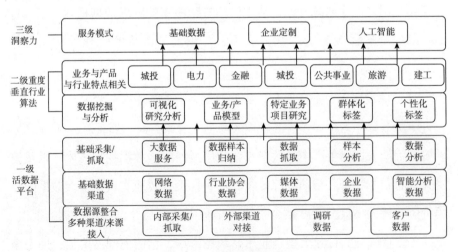

图4-3　管理大数据应用

4.2.2　管理大数据的平台

中源数聚管理大数据平台包括管理大数据、专家会客室、青藤俱乐部以及研究平台四部分。

（1）管理大数据。

中源数聚通过对母公司仁达方略 20 年来服务过的 1400 余家知名企业的咨询案例进行统计分析、建模调研；与权威媒体、行业协会、专家团队进行资源互换；对国内外的上市、非上市公司情报进行动态收集；对管理数据、研究报告等进行深度挖掘，形成涵盖战略规划、组织结构、集团管控、人力资源、企业文化、市场营销六大模块，以城投、能源等 37 个行业的海量数据库（如图 4 - 4 所示）。

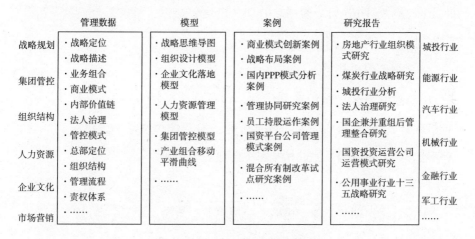

	管理数据	模型	案例	研究报告	
战略规划	·战略定位	·战略思维导图	·商业模式创新案例	·房地产行业组织模式研究	城投行业
集团管控	·战略描述 ·业务组合 ·商业模式	·组织设计模型 ·企业文化落地模型	·战略布局案例 ·国内PPP模式分析案例	·煤炭行业战略研究 ·城投行业分析	能源行业
组织结构	·内部价值链 ·法人治理	·人力资源管理模型	·管理协同研究案例 ·员工持股运作案例	·法人治理研究 ·国企兼并重组后管理整合研究	汽车行业
人力资源	·管控模式 ·总部定位 ·组织结构	·集团管控模型 ·产业组合移动平滑曲线	·国资平台公司管理模式案例	·国资投资运营公司运营模式研究	机械行业
企业文化	·管理流程 ·责权体系	·……	·混合所有制改革试点研究案例	·公用事业行业十三五战略研究	金融行业
市场营销	·……		·……	·……	军工行业 ……

图 4 - 4　管理大数据基本框架

（2）专家会客室。

在全球经济高度关联、市场波动日趋复杂的背景下，技术进步带来信息爆炸，信息的呈现纷繁复杂、虚实难辨。如何精准地获取有效信息，成为全球商业环境亟待破解的难题。中源数聚为政府机构和企业提供快速、精准、高效的专家知识共享服务。利用覆盖全行业的专家平台对信息进行高效地匹配和链接，帮助客户获取有价值的知识和信息，以便客户作出正确的管理决策。服务包括：专家访谈、会议论坛等。

以深度会谈为例。基于传统培训方式无法全面解决企业个性化问题，以及咨询服务需要长时间的实施过程和较高的采购成本的现实，中源数聚创造性地打造了一款成本低、价值高的服务方式或专项，以满足企业的个性化问题解决需求。凭借强大的专家团队、完备的体系，专业系统地与企业管理团队进行全方位的现场问题与方案探讨，以寻求有效的解决方案。

中源数聚拥有来自各行业领域的权威专家，专家平均具有 10 ~ 15 年行业工作经验，遍布医疗、金融、TMT（电信、媒体、科技）、消费、交运、能源、化工、教育、房地产等行业。

（3）青藤俱乐部。

中源数聚为客户组织系列活动，包括线上/线下活动、分行业活动、分区域活动、分专题活动等。客户可通过参与此类活动，交流企业经营、管理理念等，并在相互促进和学习中创建优秀企业。

（4）研究平台。

中源数聚定期对能源、机械、公用事业、旅游、军工、房地产等 37 个行业进行持续地动态监测和专业研究，定期推出重点行业分项研究报告，针对各行业企业的管理问题进行深入分析和研究，为企业经营管理决策提供参考和借鉴。

管理大数据平台组成如图 4 - 5 所示。

图 4 – 5　管理大数据平台组成

4.2.3　管理大数据的业务线

依托"管理大数据平台 + 专家会客厅 + 青藤俱乐部 + 研究平台"的基本构架,中源数聚倾力打造"数聚""数略""数 I""棱镜"和"数 E"五大业务线,用开放共享的互联网模式,打通数据孤岛,真正实现跨企业的异构数据共享,力图以较低的成本为企业客户、研究机构、商学院、咨询同行等创造更大财富。

(1)"数聚"业务线(Data Aggregation,DA)。

"数聚"包括数据生成与经验萃取。中源数聚将众多企业发展过程中不断积累的,涉及企业管理领域的各项数据整合到一起,形成多生态跨产业链的垂直整合、横向共享的完整生态体系,具有"海量"的特征。

同时,中源数聚积极探究优秀企业实践背后的思维逻辑与工作方法论,不断将隐性管理知识显性化,形成规范制度、具体举措、管理模型、亮点案例等组织经验,实现数据资产更高效的流动与分配。

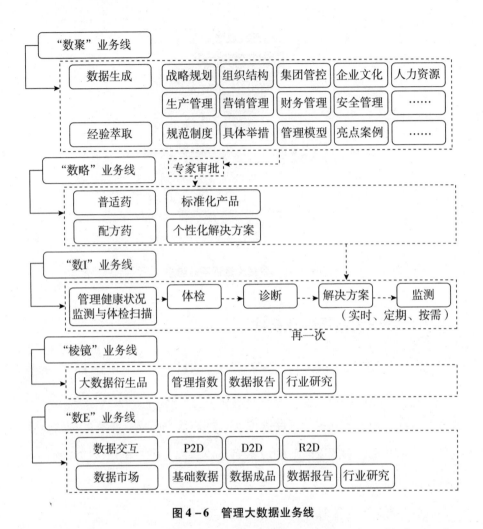

图 4 – 6　管理大数据业务线

依托"数聚"业务提供会员企业健康服务管理机制。对于会员企业，中源数聚提供数据实时采集及分析，实时推送管理预警、检修方案、维修方案及管理运行建议等全生命周期的管理服务。针对非会员企业可以提供管理问题的扫描和管理健康体检等专项服务。

（2）"数略"业务线（Data Tactic，DT）。

"数略"是中源数聚特有的管理"处方库"。来自各行各业的专家将

"数聚"业务线形成的基础数据与组织经验审批后提炼成包含"普适药"与"配方药"的管理"处方库"。

"普适药"即标准化产品。中源数聚深耕城投、金融、能源等37个行业，基于海量数据积累和组织经验，为客户提供普适可及的标准化解决方案。

"配方药"即个性化解决方案。中源数聚深挖客户需求，为客户提供一对一的差异化服务，通过具体问题的分析和判断，为客户提供专属的解决方案。

（3）"数I"业务线（Data Inspection，DI）。

"数I"即管理健康状况监测与体检扫描。中源数聚依托管理大数据平台，为客户提供体检、诊断、解决方案、监测等全生命周期服务，为企业的健康可持续发展保驾护航。

第一，结合客户数据，为其管理状况进行扫描；第二，将相关理论与模型与机器学习等人工智能相结合，以更低的成本和更快的速度为客户提供诊断意见；第三，通过调用"数略"业务线形成的"处方库"，为客户的痛点提出解决方案；最后，针对症状，为客户提供实时、定时、按需等三种监测服务，及时跟踪管理改进状况。

同时，管理大数据会员可在权益范围内循环享受"数I"业务线的任意环节服务。非会员可按需选择不同环节的服务。

（4）"棱镜"业务线（Data Popularization，DP）。

随着大数据时代的到来，理解数据，运用数据，相信数据，成为企业发展的新动力，也是企业管理者迫切需要掌握的能力。

中源数聚依托"海量"管理数据，通过"棱镜"即专业研究平台的打造，形成管理指数、数据报告、行业研究等一系列数据衍生品，帮助企业快速挖掘数据背后的潜在价值，为其经营管理决策、投资决策提供科学和理性的决策依据。

（5）"数 E"业务线（Data Supply，DS）。

"数 E"取自谐音数亿、数易，数亿表示数据资产规模庞大，数易表示业务的主要功能是实现管理数据的交互与交易。

"数 E"是专注于管理大数据共享交易平台，主要包括两大功能：

一是数据的交互。客户可通过 P2D（产品换数据）、D2D（数据换数据）、R2D（资源换数据）等方式，实现与管理大数据平台的数据交互，不断完善数据价值，共同打造开放、共享的数据生态圈。

二是数据的交易。客户可通过管理大数据平台购买基础数据、数据成品、数据报告、行业研究等不同类别的产品。

（6）RBD 生态圈。

中源数聚将打造 RBD 生态圈。RBD 生态圈即有机的、分层的生态圈，具体包括技术生态、应用生态、产业生态等。依托生态圈，一方面可以解决客户基础的数据云服务需求，另一方面可以打通企业间商机、客户、资源、数据，提升资源的商业附加值。

中源数聚搭建大数据共享平台，通过管理大数据与城投、金融、能源、旅游等行业的有机结合，加强数据汇集，强化数据融合，由点到面构建管理大数据生态圈，促进影响力的升级。同时，中源数聚整合各行各业中的关键资源，包括政府机关、重点高校、技术供应商、服务供应商，以及管理大数据服务的需求方，对接管理大数据平台，开发更具潜力的应用服务，实现管理大数据商业价值的最大化。

4.2.4　管理大数据的安全性

随着大数据应用日益渗透到各行各业中，数据中所蕴含着的巨大商业价值也越来越被人们所重视，数据日益成为重要的企业资产和国家战略资源。数据资源通过交易流通，能释放更大的价值、提升生产效率、推进产业创新。通过市场化的手段来促进数据流通成为一种趋势，数据交易市场应运而生。

"数据安全"的观念由来已久。在大数据爆发期，由于数据违规收集、使用、出售交易等现象时有发生，与第三方合作过程中数据的转移存在潜在风险，大数据的私密数据泄露和敏感信息窃取等数据安全问题为网络安全问题的解决提出了更大的挑战，如何保障"数据安全"成为行业以及社会关心的重大问题。

从本质上来讲，管理大数据是一种知识型数据，属于阳光下的数据。通过大数据挖掘技术将大量的数据进行剥离，不涉及企业的隐私。同时在与客户进行数据交互的过程中，对平台自有数据以及客户数据进行了物理隔离，避免了安全风险。

4.2.5 管理大数据的价值

管理大数据用开放共享的互联网模式，打通数据孤岛，真正实现跨企业的异构数据共享。将数据价值转换成时间价值，进而转换成管理价值与经济价值。

（1）时间价值。

数据是咨询行业发展的根本与核心，咨询产业从本质上讲就是对数据进行提取、传递、分析、处理和使用的过程，没有充足而准确的数据资源，咨询行业也就成了无源之水。当前，数据资源主要存在以下问题：第一，数据资源总量匮乏。主要是缺乏历史数据和最新数据，数据资源尚不完备，严重影响了对数据的加工、处理以及咨询质量。第二，数据资源质量普遍不高。主要反映在统计数据的口径混乱、数据失真比较严重。第三，资源利用率较低。这主要反映在"条块分割"，还没有充分做到数据资源的共享。

管理大数据拥有涵盖 6 大模块、37 个行业的管理数据，形成了强大的管理数据资源池。为企业管理人员、管理咨询顾问节省了大量数据调研的时间。

（2）管理价值。

1）管理理念。

随着数据的大爆炸和信息的快速流动，企业传统的封闭管理模式越来越行不通。昨天可能还在通过严格的管理与周密的体制对企业各部门员工施加强大的控制力，通过标准的作业流程提高效率并获得竞争力，今天就不得不转向数据驱动的经营管理模式，紧紧抓住大量管理数据，利用对管理数据的分析挖掘，匹配更合适的管理与服务，应对外界多样的变化。

同时，管理大数据驱动着企业变革决策理念，进行智能决策。传统企业对数据的处理与分析仅仅滞留在单一的汇总整理层面，客户需求预测、市场分析、竞争分析等各方面深入分析匮乏。此时，如果仅凭管理者对市场的评估进行决策，将会潜藏着很大的风险。大数据时代，企业收集、汇总、整理、分析海量内外部数据，通过对这些数据的深入分析挖掘，获得未来市场情况预测、竞争对手分析预测等有价值的信息，进而确定行之有效的管理与服务制度，保持长久竞争优势。

2）营销管理。

在数据就是业务、数据就是核心竞争力的时代，企业的营销方式也正随之改变。数据爆炸时，管理大数据能够通过多种渠道，采用最低成本，方便快捷地收集客户的海量消费数据，并运用先进的方法与工具，灵活组合各项数据，发现消费行为里潜在的共性，从数据里挖掘出有价值的信息，重新对目标市场与目标人群进行划分。在企业对内部数据深度挖掘之余，结合管理大数据平台，充分释放数据的内在价值，立体地描述未来市场消费需求。

了解消费倾向，明确市场需求，企业可以将从营销与数据中得到的两种个性信息结合，为顾客量身打造专属营销，为客户量身投放定向广告。同时，企业可以在海量数据中找到客户实时关注的热点话题，并从中激发企业的无限创意，更有针对性地为客户生产创意产品、设计创意广告。将营销与数据紧密结合已是时代的发展趋势，数据让营销更有针对性、更具竞争力。

3）财务管理。

数据量激增，数据种类繁多，数据是企业潜在的宝藏。财务管理的关键不再是单一地将数据应用汇总成年终报告的一纸文字。管理大数据能够及时为企业提供海量变量的最新动态，帮助企业更智慧地作出决策。同时，透过海量数据，监管与审计部门可以看到数据背后的种种欺诈行为，进一步防止企业财务管理进入道德雷区。

管理大数据为财务管理提出合作与共享的要求，使得各项工作不再独立进行，而是更全面、更透彻地沟通分析、明智决策，使得财务预算、财务信息以及财务决策更具有战略意义。将各类财务与非财务数据结合，使企业的财务管理不再局限于特有的时间与空间，财务部门可以便捷地将数据进行横纵向对比，员工可以随时随地查阅最新数据，企业可以共享财务信息，使得工作更灵活，从而可靠地提高全体员工的效率，这意味着企业的进步与发展。

4）人力资源管理。

各种各样的数据迅猛增长，使得企业员工可以通过便捷的工具掌握实时资讯，即员工更加专业、更富有知识。而对于专业知识水平较高的员工们，未来企业将更多地采取人性化的柔性管理。海量数据的灵活流动，使得各部门间沟通顺畅，公司网络系统在数据的推动下逐渐被重拾进入全员经常使用的状态，企业人力资源管理可以充分利用企业的网络平台发布薪酬、假日等与员工息息相关的信息，同时还可以建立网络投票机制，将内部员工的海量绩效数据公布于内部网络，形成内部激励机制。数据的定量分析量化了人才管理、人事测评与考核等指标，使得人力资源管理更加规范化，考核结果更加量化可观。

管理大数据同时也推动着人力资源管理各环节的优化改进。在企业招聘人才时，可以透过管理大数据分析应聘人员的未来潜力与在这一领域的发展空间，企业可以录用在目前看来的优秀人才或"潜力股"，而为其他应聘者建立企业人才储备库，存储大量应聘人员信息，以备未来之需；同时，人力资源管理可以利用管理大数据实现自身职能规范化，通过数据挖掘、预测员工潜能，并对其进行定向培养开发与激励鼓舞，提高企业整体水平；最后，可以使得企业组织结构趋向扁平化，员工通过数据与媒介发现自身潜力，形成内在动力，与其他员工对比形成外部激励，最终自觉践行自我管理。因此，传统的垂直命令式、等级制管理将越来越趋向扁平化的自我管理。

5）生产运作管理。

企业生产运作的标准即为敏锐快捷地制造产品、提供服务，保证各环节高效运作，使企业成为有机整体，实现更好发展。数据浪潮冲刷着每一个企业，同时企业在内部运营过程中深入地应用数据。企业不断收集内外部数据，提高数据的分析与应用能力，将数据转化为精炼信息，并由企业前台传至后台，企业后台利用海量数据中蕴藏的信息来进行分析决策。

数据在企业前台与后台间、企业横向各部门间、纵向各层级间,灵活传输,使得企业运作在各个环节紧紧围绕最具时代价值的信息与决策展开。同样,大数据使得全体员工可以通过移动设备随时随地查阅所需信息,减少了部门之间的信息不对称现象,使企业生产运作紧跟时代步伐,在变化中发展壮大。

6)供应链管理。

管理大数据能够采集到供应链各个环节的海量数据,运用大数据挖掘技术与工具对其进行整合分析,找出数据的内在联系,挖掘数据的内在价值。通过数据分析,帮助企业预测未来供应链上各环节的情况,制订严密周全的供应策略,满足新时代的供应链要求。

首先,企业通过大数据和预测分析,对每个环节所需变量进行定量预测,提高库存管理效率,改善分销渠道,加快供应速度,并在实施过程中对各环节加以监控;其次,企业可以提前了解并详细分析供应链中的重点难题,从数据中发现未来潜在实际问题,并提前制订解决方案,这样能够在出现问题时,及时作出反应,节省人力、物力、财力;最后,企业可以通过在各个影响供应流程的关键节点迅速收集分析高质量数据,制订针对性决策,并监督其实施,及时对实施过程进行改善与纠正,以保证整条供应链流畅运作,提高品牌知名度与竞争力,最终实现企业目标。

总之,随着大数据时代的到来,企业要不断改变自身以顺应时代浪潮。数据的意义是为企业带来蕴含商业价值的信息,帮助企业有依据地进行智慧决策。管理大数据帮助企业运用海量管理数据,创新应对复杂的管理环境,实现稳定生存、持续发展、不断壮大。

（3）社会价值。

管理大数据以平台的模式，将管理数据进行碎片化，向组织、个人提供数据服务，提升其使用频次，最大限度地释放管理数据的价值，符合共享经济的潮流。

共享经济是指拥有闲置资源的机构或个人有偿让渡资源使用权给他人，让渡者获取回报，分享者利用分享他人的闲置资源创造价值。

"共享经济"这个术语最早由美国得克萨斯州立大学社会学教授马科斯·费尔逊（Marcus Felson）和伊利诺伊大学社会学教授琼·斯潘思（JoeL. Spaeth）于 1978 年发表的论文 *Community Structureand Collaborative Consumption：ARoutine Activity Approach* 中提出。而共享经济现象是在最近几年流行的，其主要特点是，包括一个由第三方创建的、以信息技术为基础的市场平台。这个第三方可以是商业机构、组织或者政府。个体借助这些平台，交换闲置物品，分享自己的知识、经验，或者向企业、某个创新项目筹集资金。

1）共享经济的驱动力。

第一，消费者感觉有更大的主动权和透明度。

现在人们经济活动中经常会遭遇到四个问题，即波动性、不确定性、复杂性和模糊性。共享经济能使消费者在消费过程中充分发挥自我掌控能力。

第二，当今世界范围内正出现信任危机。

来自不同年龄段的人群，尤其是年轻消费者对目前的商业和其他大规模组织的信任度越来越低。不少人对大商家的印象并不佳。为此，当他们发现卖家与自己产生共鸣时，感觉更可信，这类消费更具吸引力。

第三，消费者和供应者都在交换过程中更受益。

消费者通过合理的价格满足了自己的需求，供应者从闲置物品中获得了额外的收益。

2）共享经济的基本特征。

借助网络作为信息平台。通过公共网络平台，人们对企业数据采取的是一种个人终端访问的形式。员工不仅能访问企业内部数据，还可将电脑、电话、网络平台全部连通，让办公更便捷。智能终端便携易用，性能越来越强大，让用户使用这些设备来处理工作的意愿越来越明显。例如，房屋出租网架起了旅游人士和家有空房出租的房主之间的合作桥梁，用户可通过网络或手机应用程序发布、搜索度假房屋租赁信息并完成在线预订程序。

以闲置资源使用权的暂时性转移为本质。"共享经济"将个体所拥有的作为一种沉没成本的闲置资源进行社会化利用。更通俗的说法是，"共享经济"倡导"租"而不是"买"。物品或服务的需求者通过共享平台暂时性地从供给者那里获得使用权，以相对于购置而言较低的成本完成使用目标后再转移给其所有者。

以物品的重复交易和高效利用为表现形式。共享经济的核心是通过将所有者的闲置资源频繁易手，重复性地转让给其他社会成员使用，这种"网络串联"形成的分享模式把被浪费的资产利用起来，能够提升现有物品的使用效率，高效地利用资源，实现个体福利的提升和社会整体的可持续发展。

参考文献

［1］赵兴峰．企业数据化管理变革：数据治理与统筹方案［M］．北

京：电子工业出版社，2016.

　　[2] 赵国栋，易欢欢，糜万军，等. 大数据时代的历史机遇：产业变革与数据科学 [M]. 北京：清华大学出版社，2013.

　　[3] Big Data，Big impact：New Possibilities for International Development [J]. World Economic Forum，2012.

5 管理大数据与人工智能的融合

互联网的高速发展，数据量的爆发式增长，数据维度的丰富，都为机器学习、人工智能的发展和应用提供了良好的土壤。同时，人工智能的成果也反过来让数据产生更大的价值，使其成为真正的"智能数据"，两者相辅相成、相互促进，让各种数据应用越来越智能化、人性化。当管理大数据遇上人工智能，将释放出更大的价值。

5.1 管理咨询的挑战

企业管理咨询，是由具有丰富经营管理知识和经验的专家，深入到企业现场与企业管理人员密切配合，运用各种科学方法，找出经营管理上存在的问题，进行定量及定性分析，查明问题产生的原因，提出切实可行的改善方案并指导实施，以谋求企业坚实发展的一种改善经营管理的服务活动。

管理咨询业是近年来世界上发展较快的一个行业。自 20 世纪 80 年代后期以来，欧美管理咨询业以每年 20%～30% 的速度增长。随着我国市场经济的日益完善，我国的管理咨询业经过几十年的发展，在数量、规模和咨询能力上均得到了不断提升。然而，管理咨询在新经济形势下依然面临诸多挑战。

5.1.1　中小企业的渴望

中小企业已经成为中国经济的重要力量之一，它们的发展对中国经济的未来起着至关重要的作用。政府持续地推进创新、创业，通过简政放权、税收改革等政策推动中小企业，尤其是创业类的中小企业、微型企业的持续发展。

中小企业在我国的社会经济基础中占有重要地位。中小企业能够成为潜在的经济发动机，有数据显示，中国企业已经超过 5000 万家，其中 99% 以上是中小型企业。管理水平、决策水平、技术水平、人才素质、盈利能力的不足是中小企业普遍存在的问题。大多数中小企业经营管理水平参差不齐、经营目标不清晰、业务发展随意盲目、经营管理手段失调或落后，导致企业经营绩效不佳，没有实现预期的业绩。

（1）中小企业自身发展的需要。

中小企业要在当前竞争激烈的市场经济大潮中生存、发展乃至壮大，就需要更加清晰的经营目标、更加专注的业务方向、更加科学的管理手段和方法，来进一步提升自身的经营绩效和企业价值，这些不但需要企业自身的学习和努力，更需要管理咨询顾问来提供专业的帮助。

（2）国际化发展的客观要求。

中国加入 WTO 后，众多中小企业，无论准备充分与否，都不可避免地加入到了国际化的竞争中去，要面对随之而来的机遇和挑战，结果有二，要么是乘国际化大潮远航，要么是在国际化大潮中淹没。而管理咨询顾问能够有效地帮助中小企业适应国际化的企业运作规则，移植和应用国际化的先进的企业管理思想、方法和模式，能够成为辅助中小企业在国际化大潮中远航的一片风帆。

（3）社会化服务体系建设的需要。

政府功能的重新定位和政治体制改革的逐渐深入，对中小企业的管理逐渐向指导性、服务性服务过渡。中小企业急需融资信息、管理咨询等中介服务，管理咨询公司是中小企业社会化服务体系中不可缺少的重要部分。

真正现代意义上的管理咨询只有 100 多年的历史，始于西方，是与现代工业和现代科学管理共同发展起来的。现在国际每年的管理咨询市场规模已达到 650 亿美元左右，美国、英国、德国、日本和韩国等国家都有健全的、专业的管理咨询体系。

从咨询公司角度看：

第一，管理咨询公司多把目光集中在大企业、大集团，认为大企业、大集团较易接受管理咨询公司的思想、理念和服务，双方容易进行沟通，通过为大企业、大集团服务，比较容易打出知名度，同时收取的管理咨询费用也较高。这在观念上完全忽略了广大中小企业的市场需要，认为为中小企业提供管理咨询服务琐碎、条件比较艰苦、收取的管理咨询费用又低。

第二，管理咨询公司本身良莠不齐，还存在许多不规范、不科学的地方，许多独立咨询公司只凭企业的口头介绍，没有进行任何的数据收集和独立研究，就把别的企业的经验或宣传生搬硬套过来，起不到相应的作用，达不到预期的咨询效果。

同时，中小企业对于使用管理咨询服务还存在或多或少的疑虑。

第一，在认识上存在误区，有些中小企业的管理者对花钱购买定性分析、科研报告、管理解决方案不屑一顾，认为这些小事情企业自己都能做。他们自认为像熟悉自己的身体一样熟悉企业，对请外人来对企业进行诊断、评估和解决问题很难接受，殊不知"不识庐山真面目，只缘身在此山中"；有的企业不能正确认识管理咨询公司的作用，既要求管理咨询公司提供解决方案，又要求其为企业解决外部约束条件，对管理咨询公司提出额外的、不能满足的要求。

第二，在经济上难以承受较高的咨询费用，不愿意花钱，认为有的事情企业自己完全可以做，甚至会专门为解决某一问题招聘相应的员工，难以客观认识到管理咨询公司的服务无论从成本上还是质量上都比亲力亲为要好。有的企业自认为企业经营效益现在还过得去，市场也没有大的波动，管理上也习惯沿用原来的老思想、老套路，没有管理咨询也过得不错，忽略了利用管理顾问专家的智慧来弥补企业与外部环境的脱节所带来的巨大利益。

因此，在中小企业中开展和普及管理咨询，由管理咨询公司为中小企业提供专业化的、细致的管理咨询服务，使双方在竞争中寻求彼此相适合的服务对象和市场势在必行。

5.1.2 新技术的冲击

（1）互联网对管理咨询的影响。

1）上游信息透明，带来下游的市场细分。

传统的管理咨询行业的暴利部分来自市场信息的不透明，有品牌的公司更容易拿到大单子。互联网的介入，使公司的品牌和各自所擅长的领域都逐渐透明，因此客户也会有更多考量的因素。管理咨询公司将不再大而泛，而会更加细分化，专注于某一个或者某几个擅长的领域。

2）人们提供智力服务的方式在改变。

传统大型管理咨询公司仍将是人才密集型的行业，但是互联网的介入改变了人们提供智力服务的方式。特别是"在行"等平台的出现，一是打破了上游专家信息不透明的壁垒；二是提供了人们在线上线下智力服务输出的可能性。

3）对于下游数据处理分析能力要求的提升。

传统管理咨询行业的工作流程基于两点考虑：一是信息不透明，二是数据收集、处理及分析能力。互联网的介入打破了第一点。这意味着后期管理咨询行业将会越来越比拼数据的分析及运用能力。

"互联网＋管理咨询"是互联网思维的进一步实践成果，它代表一种先进的生产力，推动管理咨询形态不断地发生演变。从而提升管理咨询的生命力，为管理咨询领域改革、发展、创新提供广阔的网络平台。充分发挥互联网在管理咨询资源配置中的优化和集成作用，将互联网的创新成果深度融合于管理咨询领域之中，提升管理咨询的创新力和生产力，形成更广泛的以互联网为基础设施和实现工具的管理咨询新形态。

（2）大数据对管理咨询的影响。

管理咨询公司是以数据收集分析为基础，通过科学的研究方法为客户提供咨询方案的智力型企业。

随着大数据、云计算时代的来临，管理咨询公司所面临的内外部环境正在发生巨大的变化。管理咨询公司赖以生存的传统意义上的数据已经发展到以大量（Volume）、高速（Velocity）、多样（Variety）、价值（Value）

"4V"为特点的大数据，大量企业依靠数据和业务分析取得成功的实证研究都确凿地表明基于数据竞争力驱动的决策是企业长期立于不败之地的最可靠保障，数据已经成为企业重要的战略资源。

数据作为支撑管理咨询公司运营的基础，数据竞争力的强弱对管理咨询公司的各个层面都产生重要的影响。以管理咨询公司业务流程为例，从与客户的初次沟通到最终项目成果通过验收，每个环节都离不开数据的支持，具体包括产业数据、案例数据、财务数据、市场数据、投资数据、企业数据，等等。

管理咨询公司传统的数据生态环境是静态、固定、有周期性的。例如，传统的数据来源一般都比较固定，基本都是以年、月为周期。数据的来源主要有官方数据（例如国家统计局、海关等政府部门发布数据）以及企业自行组织调查数据（基于一定样本量的统计数据）。但是这一切在大数据时代都发生了巨大的变化，一个全新的数据生态环境已经形成，并已经或将要改变整个产业模式，管理咨询公司亟须制订能从大数据中创造价值的新策略。

对管理咨询行业而言，大数据是强劲的业务价值驱动力，未来 5 ~ 10 年将会重塑整个行业的竞争规则和格局。大数据将成为咨询公司竞争的关键，数据竞争力将引领新一轮的业务增长与创新。

大数据背景下管理咨询公司在数据收集、管理、分析与挖掘等领域都对技术与人才提出了更高的要求，如何从纷繁复杂的数据中挖掘出有利于公司发展的信息，并利用好这些信息指导管理咨询业务的开展，对于管理咨询公司来说显得至关重要。大数据的一个典型特征就是非结构化和半结构化数据所占比例较大，大量通过互联网、移动互联网以及云计算产生的视频、音频、图像、地理位置信息、访问信息等都是异构格式的数据类型，因此需要对当前的数据分析方法进行优化，并不断研究、开发新的数据分析理论和方法，特别是在数据的处理量、数据类型、处理速度和方式方法上进行创新。

可以看出，大数据时代数据对管理咨询公司的重要程度不言而喻。将大数据通过分析转化为业务价值的能力，将成为管理咨询公司的核心竞争力，数据将成为管理咨询行业第一竞争要素。

（3）人工智能对管理咨询的影响。

基础层的云计算、大数据等因素的成熟催化了人工智能的进步，深度学习带来算法上的突破则推动了人工智能浪潮，使得复杂任务分类准确率大幅提升，从而推动了计算机视觉、机器学习、自然语言处理、机器人技术、语音识别技术的快速发展。

人工智能未来将会给各个产业带来巨大变革，其影响将远大于互联网对各行业的改造，在所有领域彻底改变人类，并创造更多的价值，取代更多人的工作，也会让很多现在重复性的工作被取代，让人可以从劳动密集型的工作中解放出来，释放人力去做更具有价值的事情。这对于管理咨询来讲，主要有以下几方面的影响。

1）管理咨询属于服务行业，从事的正是关于人与人服务价值交换的业务，人是核心因素。在互联网技术大规模应用之前，管理咨询需要投入大量人力、物力用于客户关系维护交流，发现客户需求，以获取管理咨询业务价值。

人工智能的飞速发展，使得机器能够在很大程度上模拟人的功能，实现批量人性化和个性化的客户服务，这对身处服务价值链高层的管理咨询将带来深刻影响，人工智能将成为决定沟通客户、发现客户管理咨询需求的重要因素。它将为管理咨询产品、服务渠道、服务方式等带来新一轮的变革。人工智能技术将大幅改变管理咨询现有格局，服务将更加智能化。

2）数据处理能力大幅提升。企业管理与整个社会存在巨大的交织网络，沉淀了大量有用或无用的数据，包括市场分析数据、产品信息等，数据级别都是海量单位，同时管理数据又是以非结构化的形式存在，既占据宝贵的储存资源、存在重复存储浪费，又无法转成可分析数据以供分析，管理大数据的处理工作面临极大挑战。通过运用人工智能的深度学习系统，能够找到足够多的数据供其进行学习，并不断完善甚至超过人类的知识回答能力，尤其在对复杂数据的处理方面，人工智能的应用将大幅降低人力成本并提升管理咨询服务能力。

5.2 管理咨询的变革

5.2.1 向互联网转型

互联网、大数据浪潮汹涌而来，技术和资本正在飞速驱动各行各业的"传统业务 + 互联网 + 大数据"转型升级进程，并变革企业的决策和经营管理模式，为企业实现基业长青插上一双强有力的翅膀。中源数聚专注打造更加精准、实时、连续和一站式的生态咨询体系，与客户共成长，帮助客户成功。

在传统的管理咨询服务模式中，咨询师扮演着极为重要的角色，包括对行业及企业的研究诊断、提出解决策略、制订解决方案，甚至辅导企业完成解决方案落地执行。但随着互联网时代的到来，经济生活节奏日益加快，企业对咨询服务的要求也开始"水涨船高"，需要咨询师有更高的效率和更具定制化的服务。同时企业对外部的管理数据、数据分析及研究报告也有了更迫切的需求，而且对咨询报告的需求也在逐渐加大。

中源数聚力图以管理大数据改革传统管理咨询的模式。以管理大数据挖掘描绘战略、文化等企业画像为基础，打造轻快、精准、高效的互联网咨询形态，注重基于大数据分析的管理和决策，强调依数据说话，让管理咨询更专业。中源数聚配以强大的研发团队、海量的数据资源、开放的智库平台，以及具有前瞻性的管理大数据思维模型，打造实时、高效的管理咨询解决方案，颠覆行业生态，强势领跑"咨询＋互联网＋大数据"的变革。

全球化的数字管理变革已经开始，在中国，"互联网＋""大数据＋"的宏观战略推动了这一趋势，不向数字管理转型的企业将会在这一浪潮中居于劣势甚至被颠覆。中源数聚开创了"管理咨询—数据产品—会员服务"的全产业链模式，为企业管理大数据的应用提供了全生命周期的支持。

中源数聚管理大数据的诞生还将带来另一个新变化，即彻底激活中小企业对管理咨询的潜在需求。管理咨询属于智力服务，具有高价值、高价格的特征，其传统服务对象主要为大企业、大集团，中小企业对管理咨询服务的支付能力较弱。据行业人士分析预测，管理数据未来几年每年的市场规模可达 180 亿~230 亿元，智能咨询市场规模将超过 200 亿元。随着中国经济的进一步发展壮大，中小企业对管理数据、管理咨询的需求会得到更大释放，市场规模甚至有可能达到千亿元。

5.2.2 引领 AI 咨询

传统的管理咨询工作方式存在以下几方面的问题：

（1）传统的管理咨询流程中有高度重复的手工操作，耗费大量的人力和时间。

（2）跨岗位的实务操作需要协同处理，沟通成本高且效率低下。

（3）手工处理存在较高报错率，且获取的数据准确性低。

（4）人工处理企业管理相关的事务，无法快速响应业务变化和拓展。

中源数聚将人工智能引入管理咨询，将相关理论、模型与机器学习等先进技术相结合，改变了原来由人工执行的重复性任务和工作流程，使原先那些耗时的手工作业，以更低的成本和更快的速度实现自动化。管理咨询进入了人机交互的新时代。

任何传统咨询都难以长久有效，因为企业管理是随时变化的，今天的"真理"到了明天可能就会被颠覆，但实时更新的大数据是客观的。中源数聚依托管理大数据，提供一站式智能化咨询服务，助力企业实现基业长青。

中源数聚管理大数据平台可为用户提供所需的管理数据，实现专业的数据分析；基于行业研究和专题研究，为用户提供有深度的定制报告；基于咨询师智慧和人工智能的结合，未来还能为企业提供高质量、低成本的管理咨询报告，改变现有的管理咨询工作模式。可以说，中源数聚管理大数据可能就是咨询行业的"AlphaGo"。

在行业分析人士看来，中源数聚管理数据平台的诞生无疑是对传统咨询行业的赋能升级，为整个咨询行业的发展带来了全新的互联网思维和转型路径。然而，要让管理大数据真正发挥价值，关键还在于数据链的打通：一是管理数据的量要足够大，二是让生态链上的所有参与者都能得到回报。

5.3 管理大数据技术

当移动通信和互联网给我们带来的生活方式、思维方式上的巨大改变还没有消退的时候，大数据时代就以排山倒海之势到来。技术的发展对各行各业都产生了不同程度的影响。随着大数据和人工智能的发展，管理咨询迎来了大变革的时代。

5.3.1 云计算

大数据挖掘与传统数据挖掘在处理分析数据的广度、深度上存在差异。特别是管理数据类型结构复杂，依托于云计算的大数据处理平台能够集成多种计算模式与挖掘算法对庞杂的数据进行实时处理与多维分析，其处理数据的范围更广，挖掘分析更加全面深入。

（1）云计算思想的产生。

传统模式下，企业建立一套 IT 系统不仅需要购买硬件等基础设施，还须拥有买软件的许可证，需要专门的人员维护。当企业的规模扩大时还要继续升级各种软硬件设施以满足需要。对于企业来说，计算机的硬件和软件本身并非是他们真正需要的，它们仅仅是完成工作、提供效率的工具而已。对个人来说，想正常使用电脑需要安装许多软件，而许多软件是收费的，对不经常使用该软件的用户来说，购买非常不划算。那么可不可以有这样的服务，能够集合用户需要的所有软件以供租用？这样只要在使用时付少量"租金"即可"租用"到这些软件服务，节省许多购买软硬件的资金。

每天都要用电，但不是每家都要自备发电机，它由电厂集中提供；每天都要用自来水，但不是每家都有井，它由自来水厂集中提供。这种模式极大地节约了资源，方便了大众的生活。面对计算机带来的困扰，人们可不可以像使用水和电一样使用计算机资源？这些想法最终引导了云计算的产生。

云计算的最终目标是将计算、服务和应用作为一种公共设施提供给公众，使人们能够像使用水、电、煤气和电话那样使用计算机资源。

云计算模式即为电厂集中供电模式。在云计算模式下，用户的计算机会变得十分简单，只需不大的内存，不需要硬盘和各种应用软件，就可以满足需求，因为用户的计算机除了通过浏览器给"云"发送指令和接收数据外，基本上什么都不用做，便可以使用云服务提供商提供的计算资源、存储空间和各种应用软件。这就像连接"显示器"和"主机"的电线无限长，从而可以把显示器放在使用者的面前，而主机放在远到甚至计算机使用者本人也不知道的地方。云计算把连接"显示器"和"主机"的电线变成了网络，把"主机"变成云服务提供商的服务器集群。

在云计算环境下，用户的使用观念也会发生彻底的变化：从"购买产品"到"购买服务"转变。因为他们直接面对的将不再是复杂的硬件和软件，而是最终的服务。用户不需要拥有看得见、摸得着的硬件设施，也不需要为机房支付设备供电、空调制冷、专人维护等费用，并且不需要等待漫长的供货周期、项目实施等冗长的时间，只需要把钱汇给云计算服务提供商，就会马上得到所需要的服务。

（2）云计算的概念。

云计算（Cloud Computing）是由分布式计算（Distributed Computing）、并行处理（Parallel Computing）、网格计算（Grid Computing）发展来的，是一种新兴的商业计算模型。目前，人们对于云计算的认识在不断地发展变化，云计算仍没有普遍一致的定义。

中国网格计算、云计算专家刘鹏给出如下定义："云计算将计算任务分布在大量计算机构成的资源池上，使各种应用系统能够根据需要获取计算力、存储空间和各种软件服务。"

狭义的云计算指的是厂商通过分布式计算和虚拟化技术搭建数据中心

或超级计算机，以免费或按需租用方式向技术开发者或者企业客户提供数据存储、分析以及科学计算等服务，比如亚马逊数据仓库出租生意。

广义的云计算指厂商通过建立网络服务器集群，向各种不同类型客户提供在线软件服务、硬件租借、数据存储、计算分析等服务。广义的云计算包括了更多的厂商和服务类型，例如用友、金蝶等管理软件厂商推出的在线财务软件，谷歌发布的 Google 应用程序套装等。

通俗的理解是，云计算的"云"就是存在于互联网上的服务器集群上的资源，它包括硬件资源（服务器、存储器、CPU 等）和软件资源（如应用软件、集成开发环境等）。本地计算机只需要通过互联网发送一个需求信息，远端就会有成千上万的计算机为你提供需要的资源并将结果返回到本地计算机，这样，本地计算机几乎不需要做什么，所有的处理都在云计算提供商所提供的计算机群里来完成。

（3）基于云计算的大数据挖掘。

在大数据时代，面对传统数据挖掘存在的不足，云计算作为一种高扩展、高弹性、虚拟化的计算模式，为大数据挖掘的存储能力及处理速度提供了动力支撑。云计算的核心技术包括分布式存储及分布式并行计算。其中，分布式存储主要为分布式文件存储和分布式数据库存储。以 GFS 为代表的分布式文件系统具有高扩展性、高容错能力和高吞吐率，大多数适用于大型、分布式、海量的数据并发访问，不适于存储大量小数据量的文件，且存在单点故障等问题，但部分系统可存储海量小文件如 Colossus（巨像）、Haystack（存储照片系统）和 TFS（Taobao File System，分布式文件系统）。而分布式数据库包括事务性数据库和分析型数据库，部分结合了并行数据库的高性能和 Map Reduce（映射归约）的高扩展性，可存储结构化、半结构化及非结构化数据，以解决传统数据挖掘面临的存储问题。同时，以 Map Reduce 为代表的分布式并行计算，具有简单易用性及良好的扩展性，适用于海量数据的批处理，能有效降低运算复杂度并提高计算效率。

5.3.2　大数据＋算法

随着围棋人机大战引起广泛关注，人工智能的前沿技术走进大众视野，在人工智能令人震撼的思维能力背后，是大数据挖掘和学习能力。当人工智能发展到一定程度时，对符号处理技术和神经网络处理技术相结合的要求越来越强烈，其中数据挖掘便是二者很好的结合。数据挖掘体现了人工智能技术的进展，其应用领域日益广泛。

目前，大数据领域每年都会涌现出大量新的技术，成为大数据获取、存储、处理分析和可视化的有效手段。大数据技术能够将大规模数据中隐藏的信息和知识挖掘出来，为人类社会经济活动提供依据，提高各个领域的运行效率，甚至整个社会经济的集约化程度。

机器学习综合应用心理学、生物学和神经生理学以及数学、自动化和计算机科学形成机器学习理论基础。机器学习与人工智能各种基础问题的统一性观点正在形成。例如学习与问题求解结合进行、知识表达便于学习的观点产生了通用智能系统 SOAR 的组块学习。类比学习与问题求解结合的基于案例方法已成为经验学习的重要方向。学习是一项复杂的智能活动，学习过程与推理过程是紧密相连的，按照学习中使用推理的多少，机器学习所采用的策略大体上可分为四种——机械学习、通过传授学习、类比学习和通过事例学习。学习中所用的推理越多，系统的能力越强。

大数据需要新处理模式才能具有更强的决策力、洞察发现力和流程优化能力来处理海量、高增长率和多样化的信息资产。大数据技术的战略意义不在于掌握庞大的数据信息，而在于对这些含有意义的数据进行专业化处理。换言之，如果把大数据比作一种产业，那么这种产业实现盈利的关键，在于提高对数据的"加工能力"，通过"加工"实现数据的"增值"。

在很多领域，如互联网和金融领域，训练实例的数量是非常大的，每天汇合几十亿事件的数据集是很常见的。另外，越来越多的设备拥有传感器，持续记录观察的数据可以作为训练数据，这样的数据集可以轻易地达到几百 TB（太字节，等于 1024GB）。当前国内外大数据都呈现井喷式爆发性增长，大数据已经渗透到各个行业和业务职能领域，成为重要的生产因素，大数据的演进与生产力的提高有着直接的关系。

大数据将成为各类机构和组织，乃至国家层面重要的战略资源。重视数据资源的收集、挖掘、分享与利用成为当务之急。大数据的公开与分享成为大势所趋。

"深入学习（Deep Learning）"成为了大数据科学家的机器学习指令系统中的一个重要工具。利用神经网络开展的深入学习有助于从这些数据流中提取感知能力，因为这些数据流可能涉及组成对象之间语义关系的层次结构安排。

自动化是深入了解日志数据的关键，因为日志数据在大数据领域里呈规模分布。自动化可以确保数据的采集、分析处理，同时，它对数据的显示结果规制和事件驱动的履行与数据流一样高速。日志分析自动化引擎主要包括机器数据集成中间件、业务规则管理系统、语义分析、数据流计算平台和机器学习算法。

不同的机器学习技术适合不同类型的日志数据以及不同的分析挑战。利用相关性与其他现有模式为机器学习机制构建先验性监督方案才是正确的处理方式。如果日志数据模式无法以预告方式做出精确定义，那么非监督性强化学习机制可能更为适合。这些由机器学习技术支持的日志数据分析方案可谓自动化处理的最理想场景，因为此类方案会自主选择匹配程度较高的处理模式并进行优先级排序，从而在无法人为提供培训数据集的前提下完成既定任务。

大数据时代的机器学习更强调"学习本身是手段"，机器学习成为一种支持技术和服务技术，如何基于机器学习对复杂多样的数据进行深层次地分析，更高效地利用信息成为当前机器学习研究的主要方向。机器学习越来越朝着智能数据分析的方向发展，并已成为智能数据分析技术的一个重要源泉。另外，在大数据时代，随着数据产生速度的持续加快，数据的体量有了前所未有的增长，而需要分析的新的数据种类也在不断涌现，如文本的理解、文本情感的分析、图像的检索和理解、图形和网络数据的分析等，机器学习研究领域涌现了很多新的研究方向，很多新的机器学习方法被提出并得到了广泛应用。

管理大数据具有属性稀疏、超高维、高噪声、数据漂移、关系复杂等特点，导致传统机器学习的算法难以有效处理和分析。大数据时代的到来意味着处理大数据的工作将有一套新的方式，也就是机器学习与大数据分析的紧密联系，在人工智能领域崭露头角的机器学习将联合大数据在更多领域实现更强大的功能，人工智能技术也会有新的突破。

5.3.3 区块链

区块链技术起源于 2008 年由化名为"中本聪（Satoshi Nakamoto）"的学者在密码学邮件组发表的奠基性论文《比特币：一种点对点电子现金系统》。近两年来，对区块链技术的研究与应用呈现出爆发式增长态势，被认为是继大型机、个人电脑、互联网、移动/社交网络之后计算范式的第五次颠覆式创新，是人类信用进化史上继血亲信用、贵金属信用、央行纸币信用之后的第四个里程碑。

（1）区块链来源。

1）未来世界的趋势是去中心化的。

互联网领域最知名的"预言家"凯文·凯利在《失控》一书中指出，未来世界的趋势是去中心化的。亚当·斯密的"看不见的手"就是对市场去中心化本质的一个很好的概括。两点之间直线最短，人们之间沟通的最好方式也是直接沟通，无论从哪个角度切入，去中心化的市场本质都是无可辩驳的。

2）现存很多中心化的高成本低价值节点。

为什么会出现中心化的中介？这是因为人们在活动的过程中需要交流，而交流是以信息为基础的，以前信息流通不够便利，无法满足市场参与者对信息的需求，因此中介随之诞生了。中介收集了人们渴望知道的信息，并以此作为筹码，在与需求方交换信息的过程中收取了大量的中介费。这样一种中心化、高成本且低效率的市场体系持续运营了许多年。

3）中心化体系存在高成本、低效率且数据存储不安全的问题。

这种中心化的体系存在很多不容忽视的问题。首先，在中心化的体系内，价值分散在各中心手中，由于各中心的系统不同，打通各中心的成本非常大；其次，由于少数中心化的机构掌握了多数的价值，因此价值的流通要受制于中心化机构的体系要求，造成了一种高成本、低效率的运作现状，最明显的表现就是全球汇款的问题；最后，由于所有数据均存储于中心化机构中，如果有恶意破坏者企图篡改数据，则相对于将数据分散在全球各地而言，修改中心化程序中存储的数据就显得易如反掌。

4）第一代互联网成功实现了信息去中心化。

虽然中心化体系有如此多的缺陷，但这样一种高成本、低效率的市场体系仍然持续运营了多年，直到互联网的出现才逐渐势衰。目前来看，TCP/IP（网络通讯协议）协议已经成为全世界的人们相互之间的"牵手协议"。它将之前人们一直渴望的"去中心化、分布式"理念变成了一种可执行化的程序，互联网世界由此派生出了更多的类似协议。正如阿里巴巴副总裁高红冰所说："互联网就是消灭那个价值很低、成本很高的（信息）供应链——它开放、互联、对等、全球化、去中心化。"

5）第一代互联网无法建立全球信用。

然而，回顾互联网技术的发展后我们发现，这一代互联网技术成功实现了信息的去中心化，但却无法实现价值的去中心化。换句话说，互联网上能去中心化的活动一定是无须信用背书的活动，需要信用作保证的一定是中心化的、第三方中介机构参与的活动。因此，无法建立全球信用的互联网技术就在前进中遇到了很大的阻碍——人们无法在互联网上通过去中心化的方式参与任何价值交换活动。

6）从信息互联网到价值互联网。

随着互联网技术的发展，我们发现这种基于信用而存在的第三方中介机构（如银行、结算机构）的运营成本已经大到让我们无法忽视。于是，现今的人们开始尝试更有野心的技术：我们能否在互联网中创造一种技术，这种技术在无法保证人们互相信任的前提下，还可以从事价值交换的活动，从而做到真正地去中心化、去第三方中介机构，实现从信息互联网到价值互联网的转变——区块链技术就是这样一种应运而生的技术。

7）区块链技术解决了闻名已久的"拜占庭将军问题"。

区块链技术原理的来源可归纳为一个数学问题："拜占庭将军问题。""拜占庭将军问题"延伸到互联网生活中来，其内涵可概括为：在互联网大背景下，当需要与不熟悉的对方进行价值交换活动时，人们如何才能防止不会被其中的恶意破坏者欺骗、迷惑从而作出错误的决策。进一步将"拜占庭将军问题"延伸到技术领域中来,其内涵可概括为:在缺少可信任的中央节点和可信任的通道的情况下,分布在网络中的各个节点应如何达成共识。区块链技术解决了闻名已久的"拜占庭将军问题"——它提供了一种无须信任单个节点,还能创建共识网络的方法。

(2)区块链特点。

区块链具有去中心化、时序数据、集体维护、可编程和安全可信等特点。

1)去中心化。区块链数据的验证、记账、存储、维护和传输等过程均是基于分布式系统结构,采用纯数学方法而不是中心结构来建立分布式节点间的信任关系,从而形成去中心化的可信任的分布式系统。

2)时序数据。区块链采用带有时间戳的链式区块结构存储数据,从而为数据增加了时间维度,具有极强的可验证性和可追溯性。

3)集体维护。区块链系统采用特定的经济激励机制来保证分布式系统中所有节点均可参与数据区块的验证过程(如比特币的"挖矿"过程),并通过共识算法来选择特定的节点,将新区块添加到区块链。

4)可编程。区块链技术可提供灵活的脚本代码系统,支持用户创建高级的智能合约、货币或其他去中心化应用。

5)安全可信。区块链技术采用非对称密码学原理对数据进行加密,同时借助分布式系统各节点的工作量证明等共识算法形成的强大计算力来抵御外部攻击,保证区块链数据不可篡改和不可伪造,因而具有较高的安全性。

(3)区块链应用。

本质上,区块链被描述为"一个群集人工智能系统"。有以下几方面的应用：

1）达成共识、不可篡改且永久追溯。

区块链技术可以让主要参与方都变成区块链网络中的一个节点，这样整个业务过程的每个环节都可以形成一个数据记录，由于该记录不可篡改且完整可追溯，便于监管与审计资金流、信息流等，参与业务的各方就不必担心因某一方篡改合约、数据库或者其他的信息不对称问题导致的利益损失。

2）成本节约与效率提升。

区块链技术可在不损害数据保密性的情况下，通过程序化记录、储存、传递、核实、分析信息数据，从而形成信用。应用在金融业务上不仅带来非常可观的成本节约，更能够将交易流程大大简化，自动化执行合约，从而提升了交易效率、减少资金闲置成本、降低交易与结算风险、优化客户体验。

3）分布式架构（非单中心）更灵活、更安全。

交易记账由分布在不同地方的多个节点共同完成，而且每一个节点记录的都是完整的账目，因此它们都可以参与监督交易合法性，同时也可以共同为其作证。

不同于传统的单中心或单节点记账方式，没有任何一个节点可以单独记录账目，从而避免了单一记账人被控制贿赂而记假账的可能性。

另外，由于记账节点足够多，理论上讲，除非所有的节点被破坏，否则账目就不会丢失，从而保证了账目数据的安全性。

4）自动执行的智能合约。

智能合约是基于这些可信的不可篡改的数据，可以自动化地执行一些预先定义好的规则和条款。管理大数据采用区块链技术保障了在服务过程中的数据流、资金流的安全性。

5. 4 管理大数据服务模式

伴随互联网及知识经济的发展，企业经营在管理理念、管理逻辑及实现过程等方面都将发生深刻的变化。相应地，企业在管理咨询的需求、实现方式、收益预期等方面也发生着相应的变化。

中源数聚全新打造互联平台，旨在引入管理域数据，打造管理大数据生态，实现管理咨询的互联网化、智能化转型。通过平台级服务，满足客户对于管理大数据的需求，解决数据需求方的数据缺失问题，完善数据维度，提升使用效率。平台本身会对接多维度的丰富数据，保证数据的安全性与接入效率，是管理数据输出与流入的最佳渠道。

5. 4. 1 SaaS 服务模式

SaaS（Software as a Service，软件即服务）是一种通过互联网提供软件服务的模式，它是一种按需（Demand）购买的软件服务模式。客户可根据自己实际需求，通过互联网向软件服务提供商订购所需的软件服务。它使企业不用再购买软件，而改为租用提供商基于互联网的软件来管理企业经营活动。SaaS 提供商为企业提供信息化所需的网络基础设施及软件、硬件运作平台，并负责所有前期的实施、后期的维护等一系列服务，企业无须购买软硬件、建设机房、招聘 IT 人员，只需前期支付一次性的项目实施费和定期的软件租赁服务费，即可通过互联网使用信息系统。服务提供商通过有效的技术措施，同时保证每家企业数据的保密性和安全性。

SaaS 消除了企业购买、构建和维护基础设施和应用系统带来的开发高成本、实施低效率等问题。SaaS 服务提供商在向客户提供互联网应用的同时，也提供软件的离线操作和本地数据存储，让其随时随地都可以使用其订购的软件和服务。因而，自从 SaaS 由 Salesforce.com 在 2003 年首次提出以来，取得了长足的进展。虽然在 SaaS 的发展过程中也出现了一些这样那样的问题，但是 SaaS 的优势是传统的信息服务模式所无法比拟的。

SaaS 具有以下特点：

（1）使用和维护费用大大降低。这是 SaaS 最重要的特点之一。这种模式不仅降低了企业成本，也降低了使用 SaaS 服务的企业成本，从而双方达到一个"双赢"的效果。如果企业采用 SaaS 模式的话，对于企业来说会降低采购和运营的成本；对于 SaaS 服务提供商来说，易于维护和升级，开发周期缩短，降低了成本，价格也随之降低，销量增加，从而提高效益。

（2）基于互联网的应用。扩大了企业的工作范围，为企业面向国际化、全球化的发展提供了良好的基础。在当今信息技术快速发展的时代，日益激烈的市场竞争要求企业必须适应基于互联网的信息服务模式，企业不能只是局限于小范围的发展，而应是面向全球化，以实现资源的有效配置和整合。

（3）灵活性更强。传统软件在使用方式上受时间和地点的限制，必须在固定的设备上使用，而 SaaS 模式的软件项目可以在任何可接入互联网的地方与时间使用，在软件升级、服务等方面有很大优势。付费方式灵活，一般按照服务模式进行付费，用多少付多少，也可按使用时间支付。而且 SaaS 服务采用"一对多"模式，是一种多订户系统架构，可以同时支持数千名用户同时使用。另外，数据交换接口友好，包括数据的导入和导出等，便于 SaaS 的数据与客户内部的系统进行数据的衔接。

中源数聚依托三大业务支撑系统将管理大数据服务进行封装，引入

"互联网+"的思维模式，以 SaaS 模式向广大企业和个人提供服务（如图 5-1 所示）。

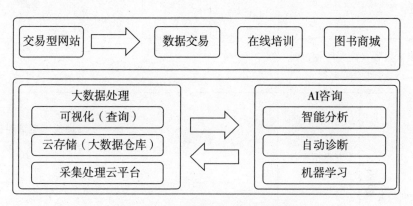

图 5-1 管理大数据业务支撑系统

企业可以以会员身份，使用管理大数据平台。目前会员面向企业/组织和个人，分为初级会员（个人）、初级会员（企业/组织）、中级会员（企业/组织）、高级会员（企业/组织）等 5 种类型。详细会员权益如表 5-1 所示。

表 5-1　　　　　　　　　管理大数据会员权益

会员等级及年会费	初级会员（个人）	初级会员（企业/组织）	中级会员（企业/组织）	高级会员（企业/组织）
单位（元/年）	200.00	1000.00	15000.00	40000.00
服务项目	查看数据目录			
脱敏后数据交易（甲方不提供未脱敏数据）	获得与年会费等额的积分，用于抵扣数据提取及以下付费项目产生的消费，并享受相应的价格折扣（初级会员无折扣，中级会员 95 折，高级会员 85 折）。数据价格（积分）以甲方正式公布的价格为准			

会员等级及年会费		初级会员（个人）	初级会员（企业/组织）	中级会员（企业/组织）	高级会员（企业/组织）
定制报告（定制数据分析报告等）		单独议价			
培训与会谈	管理培训（甲方组织培训，乙方自担差旅）	单独议价		免培训费4人次	免培训费8人次
	深度会谈（乙方组织并负担甲方专家差旅，每次3小时）	单独议价			免专家费1次
	顾问指导	—			单独议价
增值服务	数据分析报告	免费推送、不定期			
	甲方线上培训	不限次			
	观点文章推送	免费推送、不定期			
	甲方出版管理图书（本）	0	2	6	24

管理大数据的 SaaS 服务模式大大降低了传统管理咨询的费用，中小企业和个人能够以相对低的成本，享受优质的管理咨询服务。

5.4.2 平台本地部署模式

伴随着大数据时代的悄然来临，数据价值得到了人们的广泛认同，对数据的重视提到了前所未有的高度。数据已经作为企业重要资产被广泛应用于盈利分析与预测、客户关系管理、合规性监管、运营风险管理等业务当中。

数据就像企业的根基，然而并非所有数据都可能成为资产。如果没有将数据视为资产加以有效管理，即使数据再多，对于企业来说也只是垃圾和负担。实现数据资产管控是每一个企业在 DT 时代的重要命题。

管理大数据的本地化部署模式，能够针对客户的需求建立一套大数据处理平台或其他信息化项目，帮助客户实现数据资产管控。

大数据平台包括以下核心系统：面向海量数据分析的分布式文件存储系统、海量数据 ETL（数据仓库技术）引擎、流数据处理引擎、产品质量预警模型库、分析结果可视化展现系统。

平台的技术体系与主要功能具有以下特点：

（1）平台体系架构：整个平台以当前业界成熟并广泛使用的 Hadoop（海杜普）开源大数据架构作为数据存储和处理的基础架构，使用 HDFS（分布式文件系统）分布式文件系统来存储大数据，编写 Map Reduce 分布式程序实现对大数据的处理与分析。

（2）海量异构数据存储：平台采用基于 HDFS 的 Cassandra（开源分布式非关系型数据库系统）分布式数据库，实现对海量、异构、高速增长的数据进行存储管理。传统的数据库采用的是基于行的存储模型，而 Cassandra 采用的是基于列的存储模型，更适合高维大数据的存储和处理。同时，使用分布式数据仓库系统 Hive（数据仓库工具），设计满足多种分析需求的数据仓库系统。

（3）海量数据迁移与 ETL：针对数据仓库中典型的数据抽取、转换和加载任务，使用 Flume（日志收集系统）系统将多种系统上的日志数据采集到 Hadoop 平台上，使用 Sqoop（开源工具）大数据迁移工具，将数据从现有的 Oracle（甲骨文）数据库迁移到 Hadoop 平台上，最后使用大数据 ETL 工具 Kettle（水壶）对存储在 Hadoop 上的大数据进行处理。

（4）数据挖掘：使用成熟的 Impala（一种新型查询系统）大数据分析引擎、Storm（分布式实时大数据处理框架）流数据处理系统、Vis（视觉识别系统）数据可视化引擎作为基础的分析引擎，采用 Mahout（一个开源项目）/Spark（一种通用并行框架）等以及针对实际需求开发的基于 Map Reduce 编程模型的分布式处理算法作为分析的基础算法库，以对大数据进行高效的分析处理。

在应用实施方面，首先对多种来源的大数据进行清洗处理，并整合成一个分布式数据库，以便于后续处理。接下来对数据进行清洗集成，根据业务需求设计构造数据仓库，以满足业务部门多样化的分析、处理需求。最后采用数据挖掘技术对数据进行挖掘，并将挖掘结果用图表等多种可视化方式展示给用户。

更进一步，将大数据的集成、清洗、处理、挖掘、展示等环节的应用系统进行整合，构造一站式大数据应用平台。其中，分析结果将通过图标等多种可视化手段提供给客户使用，并与业务系统进行深度整合，从而帮助客户开展跨部门的大数据应用协同。

5.4.3 项目个性化定制

在提供标准化服务的同时，管理大数据提供个性化定制服务，全面满足客户的需求。

（1）个性化定制项目举例。

1）行业月报。

将机械、能源、金融等行业政策情况、关于行业政策文件的相关新闻报道、标杆行业项目的进展情况等，每月底汇总成月度报表，发送到定制客户指定邮箱。

2）项目全程跟踪实时服务。

全程跟踪客户竞争对手的动态变化，针对设计定制客户及其品种的信息。同时将主动提醒客户，提供相对应的处理办法，定期在每周五汇总成表，发至定制企业指定邮箱。

3）招标信息动态监测。

从每月全国最新中标结果的基础数据当中，针对定制客户品种和竞争厂家品种的原中标价、新中标价、降价率、中标数、中标占有率等进行分析整理，形成一份最新中标价格动态表，每月定期更新，发至定制企业指定邮箱。

（2）个性化定制服务流程。

个性化定制服务流程如图 5 - 2 所示。同时在与客户明确项目需求后，会指定专人跟踪项目进度，保障服务的质量和时间周期。

提出需求	评估需求	实施R任务	交付成果
客户将定制目标、要求等提交至中源数聚	与客户进行仔细的需求沟通、评估与确认，确保双方认知一致	与客户沟通后，实施任务	审核完成后为客户交付完整成果

图 5 - 2 个性化定制服务流程

5.4.4 数据接口模式

数据接口是一种由系统向客户提供的标准规范，用以实现特定数据之间的相互传输及交流，提高平台的使用效率。数据接口具有非常好的灵活性，能够在客户高效使用管理大数据服务的同时，确保数据的安全性。数据接口提供的标准规范有多种形式，可以是经封装的应用程序的接口函数，也就是平时所经常用到的 API（应用程序编程接口）函数；也可以是一些有固定格式或者以数据库形式表现的数据文件。因此，可以说数据接口起着桥梁作用，它能将不同数据结构的软件联结成一个整体，保障客户操作的流畅性。

管理大数据向客户提供标准的数据产品和数据接口，通过 API 的模式提供服务。

（1）采用协议。

管理大数据采用超文本传输协议（HTTP）。HTTP 是一种分布式、合作式、超媒体信息系统。它是一种通用的、无状态（stateless）的协议，除了应用于超文本传输外，也可以应用于诸如名称服务器和分布对象管理系统之类的系统，同时也可以通过扩展它的请求方法、错误代码和报头来实现。

HTTP 的一个特点是数据表现形式是可输入的和可协商性的，这就允许系统能被建立而独立于数据传输。HTTP 有一个客户端和服务器端请求和应答的标准（TCP）。客户端是终端客户，服务器端是网站。通常，由HTTP 客户端发起一个请求，建立一个到服务器指定端口（默认是 80 端口）的 TCP 连接。HTTP 服务器则在那个端口监听客户端发送过来的请求。一旦收到请求，服务器（向客户端）发回一个状态行和（响应的）消息，消息的消息体可能是请求的文件、错误消息，或者其他一些信息。

（2）接口安全。

管理大数据采用基于 IP 地址的身份验证方式。在服务调用的过程中，服务提供者获取调用者的 IP 地址，在本地保存的授权访问 IP 地址列表中验证，认证通过，执行服务返回数据，不通过则拒绝服务，如图 5-3 所示。

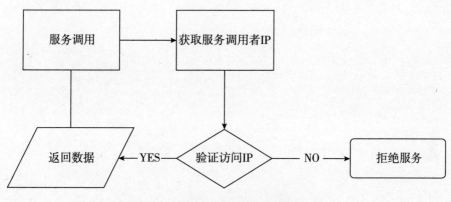

图5-3 基于 IP 地址的身份认证方式

参考文献

黄晓斌，钟辉新. 大数据时代企业竞争情报研究的创新与发展［J］. 图书与情报，2012（6）.

6 管理大数据应用概述

管理大数据的应用能够使企业累积的海量数据转化为数据资产，帮助企业优化资源配置、改善内部管理、实现精准营销、规避市场风险。中源数聚的环境管理、管理模型、标签管理、知识图谱、管理舆情、管理风控、管理洞察七大产品应用范围广泛，致力于打破企业间的数据孤岛，实现数据资源的开放共享，将数据价值转换成管理价值和经济价值，降低了管理咨询的成本和准入门槛，对于企业尤其是中小企业的管理转型具有极大的应用价值。

6.1 管理大数据应用需求

管理大数据应用的市场需求巨大，中源数聚的管理大数据应用产品将为重点行业的大中小型企业等用户提供管理大数据的挖掘、解读、积累和应用服务。

6.1.1 管理大数据的作用

大数据是人工智能的基础，也是企业的数据资产。企业在运营过程中对内会面临各业务环节信息沟通不畅、资源配置不合理、管理层决策缺乏依据等问题，对外会面临宏观环境和行业的变化风险、竞争对手的威胁、市场营销不到位等问题。管理大数据是将企业内部海量的战略、文化、运营、营销、人力资源、财务等数据以及企业外部的行业和环境数据整合起来，通过数据挖掘和解读工作打造管理大数据结构化平台，跨企业的异构数据共享将最大化变现数据的商业价值。

（1）管理大数据帮助企业优化资源配置。

管理大数据能实现企业各业务环节间的信息高度集成和互联，减少不必要的资源浪费。一个企业的运营是在人、财、物、信息等资源有效运作的基础上实现的，资源配置合理则能发挥每项资源的最大潜能，资源配置不合理则必然导致浪费。以制造业为例，制造业的研发、采购、物流、生产、库存、销售等环节会产生大量的诸如各工序节拍信息、产品质量信息、发货和收货信息、物料流动信息、客户需求信息、人力资源需求信息等数据，管理大数据系统能够实现企业内部和外部的各项数据的高度集成和互联，消除过度生产浪费、等待时间浪费、工序浪费、库存浪费、运输浪费、产品缺陷浪费等，降低生产成本，提高生产效率和产品质量，实现资源优化配置。

管理大数据能分析企业的产品结构、订单结构、客户结构是否合理，调整资源配置方向。企业经营成果的好坏能够从其产品数据、运营数据、销售数据、财务数据等信息中分析出原因，企业能够依据大数据分析结果科学地调整产品结构、订单结构和客户结构等。企业产品通常都要经历引入期、成长期、成熟期、衰退期四个阶段的生命周期过程，企业应果断放弃处于衰退期的产品，确保人力和资金等资源不再被没有经济效益的产品所吞噬，而企业对于产品是否处于衰退期的判断依据则来源于对管理大数据的分析。同样，企业可以利用管理大数据分析判断哪些订单和客户对利润的贡献最大，从而调整和优化产品、订单和客户结构，实现资源优化配置和经济效益最大化。

（2）管理大数据帮助企业改善内部管理。

管理大数据能实现企业内部信息共享，利用数据改善企业内部管理。企业内部各业务部门之间建立信息共享机制能够提高跨部门的协作效率，而信息共享是通过文档和记录等数据来实现的，管理层通过大数据能够及时发现企业经营管理中的诸如战略失误、组织结构不合理、人员配备不当等问题。此外，企业内部利用大数据可以提升业务管理水平，例如，通过分析员工的人力资源效能数据，企业能够探寻人力效能产出的规律，优化人力资源结构，提升企业的人力资源利用效率；另外，企业还可以基于优秀员工的行为、习惯和价值观等数据形成适合本企业的优秀人才画像，用于招聘和培养优秀人才。

行业范围内的管理大数据共享能够为企业改善内部管理提供数据支撑。每一家企业在运营过程中都会存在一些管理问题，中小企业在发展过程中会面临着战略制订、企业文化、组织结构、商业模式等方面的管理问题，有借鉴大型企业的经验或接受管理咨询服务的需求，而管理大数据能够向企业提供行业内其他企业的管理数据并降低企业接受咨询服务的成本；大型企业可能存在组织结构固化、信息上传下达不畅、集团管控不力等问题，管理大数据能够为大型企业的管理改革提供行业内相关数据支撑。

（3）管理大数据帮助企业实现精准营销。

管理大数据能够帮助企业跟踪分析市场营销的宏观环境和微观环境，实现精准营销。企业市场营销的宏观环境包括政法环境、经济环境、人口环境、社会文化环境、技术环境和自然环境等。政法环境包括政策法规、政治稳定性等；经济环境包括消费者购买力、消费者支出模式变化、商品供求因素、商品价格因素等；人口环境包括人口数量、性别、年龄结构、地理分布、受教育程度等；社会文化环境包括民众价值观、文化传统、风俗习惯、伦理道德等；技术环境包括相关技术的应用情况、新技术和新产业部门的出现等；自然环境包括原材料及能源、地理位置的选择、环境污染等。企业市场营销的微观环境包括企业内部环境、供应、营销中介、客户、竞争者及公共关系。企业内部环境包括员工、资金、设备、管理水平、规章制度、企业文化、组织机构等，对内部环境的分析能够对市场营销提供有力的支持；供应包括企业所需物资和资金的供应来源及渠道情况；营销中介包括对产品进行促销、运输、分销、出售的各类组织；客户包括产品的目标客户和潜在客户等；竞争者包括平行竞争者、愿望竞争者、品牌竞争者、产品形式竞争者等；公共关系包括融资方关系、政府关系、新闻媒介关系、社区公众关系及社会公众关系。管理大数据能够挖掘和分析宏观环境、行业环境和用户需求等数据，为企业的精准营销提供大数据支撑。

（4）管理大数据帮助企业规避市场风险。

管理大数据能帮助企业及时获知竞争情报，规避市场竞争风险。企业在制订市场策略时往往要考虑竞争对手的市场地位和市场策略，从而据此选择能获得更好竞争效果的市场策略。管理大数据能够向企业提供竞争对手在产品、市场、运营、战略等方面的情报信息，帮助企业有针对性地制订相关策略，在市场竞争中取得主动地位。

管理大数据能够帮助企业及时发现和处理危机，规避突发风险。企业在运营过程中需要通过舆情监测及时发现并处理来自企业内外的危机，规避突发风险带来的重大损失。管理大数据能够为企业持续提供宏观环境、行业环境、竞争对手等外围舆情信息，以及企业自身的品牌形象、产品、关键人物、员工意见、重大危机事件等舆情评价，对可能发生的危机进行预警，并在危机发生时通过引导舆论导向来及时处理危机。

6.1.2 中源数聚的产品诉求

中源数聚是权威的管理大数据综合服务商，在全球首创管理大数据（RBD）概念并完整构建了相关模型和数据体系，通过"互联网＋人工智能＋管理大数据"的平台模式，将彻底解构、升级现有的管理咨询模式，并帮助更多企业实现对数据资产的管控和价值挖掘。

中源数聚的管理大数据产品体系自下至上分为环境层、工具层、应用层三个层次：环境层为用户提供环境扫描、政策解读、行业分析及竞争分析等服务；工具层包括管理模型、标签管理、知识图谱三大产品；应用层包括管理舆情、管理风控、管理洞察三大产品。管理舆情包括实时监测、热点舆情、舆情分析和舆情应用等服务，管理风控包括风险识别、风险预警、风险应对及风险评估等服务，管理洞察包括管理对标、管理诊断、管理处方及亮点案例等服务（如图6－1所示）。

（1）环境层。

环境管理是管理大数据产品体系的基础设施，既可为上层的管理舆

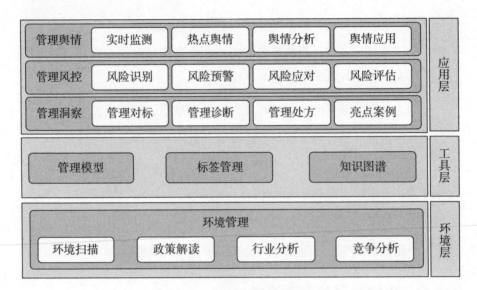

图 6-1 中源数聚产品体系

情、管理风控、管理洞察等应用层产品提供支撑，又可作为独立的产品按需为客户提供环境管理服务。环境管理产品的目标用户是煤炭、钢铁、交通、金融等 37 个行业的大中小型企业，以及对环境数据有需求的大数据技术及应用厂商、投融资机构、咨询机构等客户。环境管理力图为企业提供包含一般外部环境和特殊外部环境的监测，一般外部环境包含文化、技术、教育、政治、法律、人口、社会等；特殊外部环境是与企业生产活动直接联系的诸因素，包含客户、供应商和竞争企业等。

　　企业的发展战略规划、品牌文化建设、市场营销策略、集团管控等活动都离不开对各种环境因素的分析和判断，尤其是在经济全球化深入发展、国家经济结构转型、大数据渗透到各行各业的背景下，企业普遍需要及时了解宏观环境和行业环境的变化对企业发展的影响，以把握发展机遇并规避市场风险。此外，大数据企业、投融资机构、第三方研究机构也需要了解和分析所涉足行业的环境因素，以便更好地服务于客户应用和相关研究。因此，各行业的企业、大数据公司、投融资机构和第三方研究机构对于环境管理类的产品有强烈的需求，而中源数聚的环境管理产品能通过大数据横向形成各环境因素的管理大数据资源池，纵向深入多个行业领域，为用户提供环境扫描、政策解读、行业分析及竞争分析等服务。

（2）工具层。

1）管理模型。

管理模型既可以为管理大数据产品体系提供工具支撑，也能够与管理大数据其他产品一起整合成管理大数据整体解决方案。从管理领域来看，管理模型可分为战略规划、组织结构、集团管控、企业文化、人力资源和市场营销等管理板块的咨询模型；从管理功能来看，管理模型可分为认知、预测、决策和整体方案等功能模型。

管理模型市场尚属于蓝海市场，但是无论是大型国企还是中小型企业都需要一套可量化、易操作的管理模型，助力其提升企业效能和竞争力。在大力推进供给侧结构性改革，加快实施"互联网＋"行动计划和"中国制造2025"战略的社会大背景下，许多大型企业的"拍脑门"决策及粗放式管理模式无法适应企业高效运营的要求，大型企业积极谋求管理转型，期望能建设融合现代管理模型的大数据管理系统。中小企业在发展过程中会面临诸多的管理问题，各项管理制度和管理体系尚不健全，期望能够借助现代管理模型实现高效运营。中源数聚的管理模型产品能够在一定程度上通过管理大数据将管理理论与企业的管理现状相融合形成适合各行业的管理模型，因而具有广泛的市场需求。

2）标签管理。

标签管理是一款生产和管理企业标签的大数据工具，能够为企业提供标签生命周期管理、输出企业画像、统计分析等服务，帮助企业实现数据资产的沉淀，打造数据驱动管理的能力，提升企业管理的精细度。

大数据的挖掘、分析和应用是支撑企业从粗放式管理转向精细化管理的基础，大数据存储和分析技术的快速发展使得大数据生态得到极大扩展。企业希望能够建立标准的企业管理画像数据体系，支撑企业快速对接大数据应用，满足管理升级的需求。而作为大数据平台建设的重要模块，特别是企业数据管理意识的觉醒，针对企业属性和管理行为建模的企业标签管理系统拥有广阔的市场前景。

3）知识图谱。

知识图谱是管理大数据产品体系的支持工具，它基于管理指标体系建立企业关系模型，用可视化的动态关系图来展示企业关联信息，为企业提供多角度查询服务和深层关系挖掘服务，是大数据关联挖掘在管理领域的应用。

知识图谱的目标用户包括进入发展瓶颈期并希望全面诊断发展桎梏的企业、想要开拓新市场或进行产业升级并希望直观了解行业发展现状的企业、处于发展上升期并希望寻找合作伙伴的企业等。这些企业在转型、扩张或兼并重组的过程中需要获得知识支持，以明晰管理脉络和发展方向，更加准确、有效地制定和实施管理策略。

（3）应用层。

1）管理舆情。

管理舆情将搭建管理大数据舆情监测平台，为政府、企业、第三方机构、科研机构和投资者提供管理类舆情咨询服务，包括实时监测、热点舆情、舆情分析、舆情应用等服务，有效地将智能舆情和管理指导相结合。

企业在发展过程中需要及时关注行业环境、宏观环境、企业形象、发展战略、企业文化、产品口碑、公司治理等方面的舆情信息。管理舆情产品能够帮助用户避免或减小因恶性突发事件造成的负面影响，拥有广泛的市场需求。

2）管理风控。

管理风控以风险管理为导向，为大型企业及中小型企业提供多样化的风险识别工具，支持定量、半定量的风险评估技术及风险图谱展示，建立以风险指标监控为主的多样化风险应对手段；以内控管理为切入点，通过在线绘制流程图和细化流程步骤来识别可控制的活动，以企业制度为基础来细化控制活动并进行缺陷整改，规避或降低企业的风险点及风险程度。

在中国经济发展新常态和供给侧结构性改革的背景下，各行业的企业都开始构建自己的风险管控体系。然而，许多中小型企业因缺乏预算而没有系统的风险管理机制，企业对于依托大数据感知和控制风险来提高风险管理水平的应用具有普遍的需求。管理风控基于管理数据的动态监测，将风险识别、预警、应对、评估等风险管理过程与内控管理相结合，实现全面风险管理工作与内部控制工作的完整、有效和无缝对接，保障企业在良好的风控环境下健康发展和快速成长。

3）管理洞察。

管理洞察立足企业管理自身，依托管理大数据，建立管理对标、管理诊断、管理处方以及亮点案例等洞察产品体系，对标先进企业，明确管理短板，借鉴创新经验，提供及时有效的管理处方，打造兼具标准化和个性化的管理大数据产品和企业管理解决方案，帮助企业不断提升科学管理水平。管理对标能够根据企业的个性化需求为其匹配合适的可对标企业的信息；管理诊断可通过分析企业的数据来对企业的管理健康度作出诊断和评估；管理处方则可针对企业的管理问题提出有针对性的解决方案；亮点案例提供先进的或成功的案例供企业借鉴。

我国企业多数处于从粗放式管理向集约式管理转型升级的阶段，许多的企业有管理诊断和管理升级指导的需求。然而，多数企业对管理类大数据的解读能力不足，中小企业的管理咨询预算有限，企业级用户特别是中小型企业对于通过管理大数据提供管理升级服务及咨询成本较低的管理洞察具有强烈的需求。

6.2 管理大数据应用场景

管理大数据能够实现对企业大数据、政策大数据、社会大数据、征信大数据、金融大数据、能源大数据等的挖掘、分析和商业应用。管理大数据的商业应用主要包括基础应用和行业应用，基础应用有数据可视化、数据搜索等，行业应用则是结合行业特点和用户需求的产品或服务。

6.2.1 管理大数据应用范围

管理大数据的商业应用形式包括以技术输出的方式为客户提供外包式的项目解决方案；为客户提供数据采集、数据存储和数据管理的软件及硬件设施；为客户提供诸如数据查询、精准推荐类的工具化产品；为客户提供行业数据洞察平台。

管理大数据的应用范围广泛，涵盖了媒体、情报、决策、可视化、鉴真、征信、营销、画像、交易、监管、风控、业务优化等多个应用方向。管理大数据应用的产品类型主要包括营销类大数据产品、征信类大数据产品、媒体类大数据产品、交易类大数据产品、安全类大数据产品、图标类大数据产品、画像类大数据产品、情报类大数据产品和工具类大数据产品。

营销类大数据产品能够通过对消费者的性别、年龄、消费偏好、社交定向等数据进行深度分析，帮助企业准确定位目标消费者，实现点对点的精准广告投放。征信类大数据产品从互联网上采集的数据不仅包括身份信息、信贷信息等传统征信数据，还包括社交网络与电子商务行为中产生的海量数据，信用评估的数据来源更广泛且具有动态性，企业能够实时监测到信用主体的信用变化并及时采取应对措施。媒体类大数据产品能够通过数据挖掘和受众画像精准定位受众的个性化需求，为受众匹配个性化和定制化的智能信息。交易类大数据产品是借助大数据交易平台实现数据交易和数据共享，实现数据的流通和变现。安全类大数据产品通过收集尽可能多的数据来控制风险，可以提高安全系数，有效地规避风险。图标类大数据产品是将数据可视化的产品，能够快速地收集、筛选、分析、归纳、展现用户所需的信息，并能根据新增数据进行实时更新。画像类大数据产品用于用户画像和用户分析，用户画像信息包括人口属性、信用属性、社交属性、消费特征和兴趣爱好等。情报类大数据产品能够为企业提供战略决策、行业竞争、国际贸易、风险管理、市场营销、生产管理等方面的情报信息，帮助企业在市场竞争中及时发现机遇和规避风险。工具类大数据产品是一种解决某一核心问题的大数据应用工具，满足用户的标准化需求。

6.2.2　中源数聚的产品应用场景

中源数聚的环境管理、管理模型、标签管理、知识图谱、管理舆情、管理风控、管理洞察七大产品涵盖了企业的多种应用场景，能够为企业提供全方位的服务。

（1）环境管理。

环境管理产品服务于大中小型企业、投融资机构、大数据公司等对宏观环境和行业环境有监测、分析和管理需求的用户。

环境管理的应用场景举例：宏观环境和行业环境监测分析。中小型企业希望掌握政策环境、经济环境、社会环境及行业环境的动态信息，以根据环境变化及时调整企业管理策略。中源数聚的环境管理产品能够利用计算机技术全面挖掘环境数据，整合分析环境数据以支撑上层应用，为企业提供全面、快速、准确的环境因素分析。

（2）管理模型。

管理模型服务于期望应用现代管理模型谋求管理升级的大中小型企业，管理模型包括战略规划、集团管控、企业文化、人力资源等，基于不同的管理模型有不同的应用场景。

管理模型的应用场景举例：集团管控大型集团公司"先有子、后有母"的历史导致其集团管控能力先天薄弱、集团管控体系建设零敲碎打、集团战略落地没有系统支撑、集团并购重组后无法有效整合，集团企业需要建立融合现代管理模型的、可量化、可复制的集团管控模式。

（3）标签管理。

标签管理服务于期望对接大数据应用和有管理升级需求的大中小型企业。

标签管理的应用场景举例：用户画像。传统百货商场的市场部及门店的日常运营工作较为烦琐，需要提高工作效率。互联网和电子商务的发展对传统百货商场产生了强烈的冲击。百货商场需要基于现有业务部门的需求，通过数据建模与分析、聚类筛选与应用来整合业务数据，建立企业标签并进行管理，打造数据驱动管理的能力，提升传统百货商场的管理精确度和管理效率。

（4）知识图谱。

知识图谱服务于有全面诊断企业发展桎梏、直观了解行业现状、寻找业务合作伙伴等需求的企业用户。

知识图谱的应用场景举例：降低合作风险。假设 A 企业有与 B 企业合作的意向，从 B 企业公开的财务信息来看，B 企业的经营情况良好。若 A 企业想对 B 企业有更多的了解，可将 B 企业的信息添加到企业知识图谱，触发"企业关系检索"引擎，引擎将自动读取 B 企业的信息，并给出 B 企业的关系网图。A 企业发现 B 企业在几年前有一起银行贷款不良记录，并且和其他企业有过商业纠纷，而与 B 企业同样提供此类产品的竞争对手 C 企业更符合合作要求，A 企业将放弃 B 企业转而联系 C 企业商谈合作事宜。

（5）管理舆情。

管理舆情服务于有舆情监测、分析和应用需求的政府、大中小型企业、科研机构等用户。

管理舆情的应用场景举例：2017 年年初，中国石油总部的机关改革顺利落地，部门职能优化、内设机构和人员编制压减 20%，岗位竞聘及人员交流等各项工作全面完成。中石油通过了解企业内部员工的思想变化及外部环境的舆情信息，可精准确定下一步改革策略，避免员工负面情绪的产生。

（6）管理风控。

管理风控服务于风险管理薄弱并期望利用大数据监测和管控风险的企业。

管理风控的应用场景举例：战略风险管理。集团企业或各业务部门在制订中长期战略时需要对公司的宏观风险、政策风险、业务风险等战略风险要素进行管理。在战略执行期，企业需要对可能因内外部环境变化而产生的风险点进行预警。管理风控能够在企业制订战略时集中展示从宏观到细节的多层次、多维度的风险情况，通过风险热力图展现重大风险的评估排序成果，在战略执行过程中对可能出现的重大风险事件提供预警服务。

（7）管理洞察。

管理洞察服务于谋求管理转型的国内大型企业以及面临管理提升问题的中小企业。

管理洞察的应用场景举例：标杆案例。中国汽车行业的企业准备进一步提升信息化程度，着手布局工业4.0战略，对于如何将企业战略、组织架构、业务流程和职能部门等要素统筹到大数据系统中，以实现业务流程与管理方式相融合、信息技术与生产要素相融合等问题，企业需要选取行业内信息化程度比较高的标杆企业进行对标研究。管理洞察可以根据企业的需求提供精准的亮点案例。

6.3 管理大数据应用价值分析

管理大数据的商业应用是挖掘和分析企业内部的战略、文化、组织结构、生产、人力资源、营销等管理数据以及企业外部的宏观环境、行业动态、同业竞争等数据，围绕管理大数据为客户提供企业管理解决方案、大数据应用工具、大数据处理的软件及硬件等产品和服务。管理大数据的应用能够将企业海量的数据累积转变成数据资产，帮助企业优化资源配置、改善内部管理、掌握行业动态、发现市场机会。管理大数据具有广泛的应用价值。

中源数聚的管理大数据产品用开放共享的互联网模式来打通数据孤岛，真正实现跨企业的异构数据共享，旨在将数据价值转换成管理价值与经济价值，降低管理咨询的成本和准入门槛，使高端咨询深入到中小微企业。中源数聚的管理大数据平台将通过环境层、工具层和应用层的产品为企业提供智能化的大数据处理和管理咨询服务，具有非常重要的应用价值。

（1）管理大数据产品将实现数据资源开放共享。

管理大数据平台将运用云计算、大数据＋算法、区块链等技术，通过军犬 1 系一键采集系统、军犬 3 系 694/860 单机采集系统、军犬 5 系分布式云采集系统、军犬 7 系可视化采集系统、军犬 9 系 APP 采集系统五大原创数据采集系统进行文本挖掘，对采集到的管理数据进行语义分析和数据处理，形成管理大数据仓库。管理大数据产品将煤炭、钢铁、矿业、石油、机械、城投、旅游、金融等 37 个重点行业的企业战略、集团管控、企业文化、组织结构、人力资源、市场营销等管理板块的数据以及行业信息集成到管理大数据平台上，打通了企业与企业之间以及行业与行业之间的数据孤岛，实现了数据资源的开放共享，能够最大限度地将数据资源转换成数据资产。管理大数据采集系统如图 6 - 2 所示。

（2）管理大数据产品将降低企业管理咨询成本。

管理大数据产品将依托大数据处理平台和 AI 咨询平台来实现管理咨询智能化。企业战略、集团管控、企业文化、组织结构、人力资源、市场营销等模块的管理大数据将以环境管理、管理模型、标签管理、知识图谱、管理舆情、管理风控、管理洞察的产品形式集成到 AI 咨询平台上，AI 咨

 文本挖掘

五大原创数据采集系统

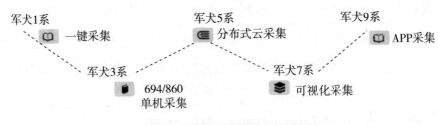

图 6-2　管理大数据数据采集系统

询平台提供标准化的管理大数据产品，企业可以在 AI 咨询平台上获得标准化的管理咨询服务，并提出个性化的定制咨询服务需求。对于无力承担高端咨询费用的中小企业尤其是创业公司而言，AI 咨询降低了管理咨询的成本和准入门槛，能有效满足中小企业在发展过程中的管理升级需求。

（3）管理大数据产品将精准对接企业的数据需求。

从管理大数据产品本身来看，环境层、工具层、应用层三位一体的产品体系可以实现纵向的产业互联和横向的合作连横，产品体系具有延展性，未来不仅可以满足企业各个管理模块的大数据处理和管理咨询需求，而且能够依托其智能化特性精准地对接企业的数据需求。

环境管理为企业用户提供宏观环境、行业环境及企业内部环境的环境扫描、政策解读、行业分析和竞争分析等环境层面的服务；管理模型为企业用户提供战略规划、企业文化、集团管控、组织结构、人力资源和市场营销等模块的模型知识；标签管理为企业用户提供标签生命周期管理、输出企业画像、统计分析等服务，提升企业管理的精细度；知识图谱为企业

用户提供可视化的多角度查询服务和深层关系挖掘服务；管理舆情为企业用户提供关于企业内外部舆情信息的监测、分析和应用服务；管理风控为企业用户提供基于企业自身数据的风险识别、风险预警、风险应对和风险评估等一揽子服务；管理洞察为企业提供管理对标、管理诊断、管理处方和亮点案例等服务。

参考文献

［1］彭作文，刘宇航. 大数据分行业大解析［M］. 北京：中国铁道出版社，2016.

［2］赵兴峰. 企业数据化管理变革：数据治理与统筹方案［M］. 北京：电子工业出版社，2016.

［3］赵国栋，易欢欢，糜万军，鄂维南等. 大数据时代的历史机遇：产业变革与数据科学［M］. 北京：清华大学出版社，2013.

管理大数据应用解析

　　管理大数据将大数据的时间价值转化为管理价值和经济价值，实现管理咨询的智能化、个性化、专业化和小型化。管理大数据的应用范围广泛，能够助力企业监测和分析内外部环境，实现管理的转型升级，发现企业的关系图谱，提升产业链竞争力，改变培养和留住人才的方式，实现精准营销，以 AI 咨询的形式降低管理咨询的成本。

7.1　管理大数据，帮助企业监测和分析内外部环境

　　在全球经济形势低迷、新技术层出不穷以及国家战略引领发展的背景下，企业越来越重视对宏观环境以及行业环境的监测和管理，根据环境变化及时调整企业管理策略。企业的环境管理包括对政治、经济、文化、技

术等宏观环境与产业布局、产业政策、竞争状况、发展前景等行业环境以及企业内部环境的监测、分析和管理工作。

（1）用户痛点：如何准确地监测和分析环境。

企业在进入新行业、开拓新业务、调整战略规划以及日常运营过程中都应及时做好环境管理。然而，大多数企业尤其是中小企业没有相应的环境管理能力。政治环境方面要重点关注相关的国家政策、地方政策、法律法规、国家重大战略部署等因素；经济环境方面需要监测经济发展水平、经济结构、居民收入和消费水平、资源储备等因素；文化环境方面需要监测居民的价值观念、风俗习惯、受教育水平等因素；技术环境方面需要监测技术水平、技术政策、新技术研发能力、技术发展动向等因素；行业环境方面需要监测企业所处行业或想进入行业的生产经营规模、产业政策、产业动态、竞争状况、产业布局、市场供求趋势、进入壁垒、行业发展前景等因素；企业内部环境方面需要监测企业的核心能力、组织结构、企业文化、资源条件、价值链等因素。环境管理不仅需要通过管理大数据监测到宏观环境、行业环境和企业内部环境，还需要进行 PEST（宏观环境分析模型）分析、产业生命周期分析、波特五力分析、价值链分析等研究。企业通常不具备完善的环境类管理大数据监测系统或没有完整的环境分析知识储备，因而需要向第三方咨询机构或提供环境监测产品的机构寻求帮助。

（2）解决方案：管理大数据助力企业的全环境管理。

管理大数据平台利用云计算、大数据 + 算法、区块链等技术从互联网、行业协会、政府主管部门、专家学者、高校、券商、投行、咨询同行、企业、合作站点及数据公司等诸多渠道挖掘环境类管理大数据，整合分析环境大数据，以此为企业提供全面、快速、准确的环境分析服务。管理大数据平台在横向形成各环境因素的数据资源池，在纵向则深入到多个行业领域，能够为企业提供定制化的全环境管理报告以及重大事件的监测预警服务。未来，管理大数据与 AI 技术的结合将降低企业环境管理的成本，为企业提供常态化的环境管理服务。

（3）应用范围：企业及其他有环境监测需求的用户。

管理大数据用于环境管理的产品适用于包括城投、金融、投资、物流、钢铁、煤炭、建材、房地产、公用事业在内的 37 个重点行业的国有大型企业、中小型企业及外资企业等传统咨询客户，也可用于对某些行业环境有监测需求的大数据技术及应用厂家、投融资机构、咨询机构等其他非传统咨询客户。

传统咨询客户具有监测和分析宏观环境、行业环境及企业内部环境的强烈需求，但是缺乏互联网思维、环境类管理大数据仓库及应用工具；大数据技术及应用厂商具有大数据挖掘和分析的技术，但是缺乏对有关行业领域的全面、精准的了解。管理大数据能够将大数据挖掘和分析技术与环境分析理论相结合，为用户提供及时的、准确的全方位环境管理服务。

（4）应用场景：为企业提供全方位的环境监测和管理服务。

场景一：某大型国有企业为响应国家的"走出去"发展战略，计划采用跨国并购的策略开拓海外市场。该企业在作出跨国并购决策之前需要对相应的宏观环境和行业环境进行监测和分析，包括欲收购企业所在国家的政策法规、政治稳定性、经济发展态势、市场饱和程度、行业竞争情况、行业发展前景、居民的消费水平、资源配置情况等环境因素，以判断跨国并购策略的可行性或为实施跨国并购策略提供大数据的支撑。管理大数据能够为该大型国有企业提供所需环境要素的监测和分析服务，助其判断跨国并购计划是否可行。

场景二：制造领域的某企业计划将部分闲置资金用于投资房地产开发，在作出决策前需要对新领域的宏观环境和行业环境进行监测和分析，包括房地产相关的政策法规、经济运行态势、货币供应量、居民购买力、房地产市场供需情况、房价变动情况、房地产业发展前景等环境因素，以判断投资房地产开发的收益大小。管理大数据能够将相关环境因素进行标签化，利用大数据挖掘和分析技术全面挖掘环境数据，判断房地产投资的风险系数，为用户提供房地产领域的全环境分析报告。

（5）应用效果：低成本的、精准的环境监测和分析。

管理大数据平台能够按照国有大型企业及中小型企业的不同需求，提供具有行业适用性的全环境监测和分析服务。未来，机器学习、自然语言处理等 AI 技术与管理大数据的结合将提高环境管理的智能性和实时性，降低环境监测和分析的成本，精准的环境管理服务对于企业的发展战略规划、品牌文化建设、市场营销策略以及集团管控等活动至关重要。企业及时了解宏观环境和行业环境的变化，能够有效地把握发展机遇并规避市场风险。

7.2 管理大数据，帮助企业实现管理转型升级

任何企业在进入新的发展阶段后都有管理转型升级的需求。中小企业在规模扩大后将面临企业战略规划、组织结构调整、企业文化建设、人力资源管理等新问题，国有大型企业同样面临着管理方式固化以及无法适应新时代要求的问题。战略规划、组织结构、集团管控、企业文化、人力资源、市场营销等模块的管理模型和标杆案例将为企业的管理升级提供方向。

（1）用户痛点：如何为企业的管理升级寻求参考。

随着我国经济发展进入新常态以及供给侧结构性改革的深入推进，有些大型企业，特别是管理粗放的老国有企业面临着管理方式固化以及无法适应新时代要求的问题。我国正在加快实施"互联网＋"行动计划和"中国制造2025"战略，许多国有企业的产权结构不合理、组织结构固化、用人机制派系化、管理机制僵化等问题无法适应企业高效运营的要求，国有企业不仅需要加快信息化建设，而且需要在战略规划、组织结构、集团管控、企业文化、人力资源、市场营销等方面实施变革。国有企业的管理变革需要建设融合现代管理模型的大数据管理系统，但是，多数企业对管理类大数据的解读能力不足。

中小企业在发展早期以业务拓展和市场开发为主要方向，在企业文化建设、组织结构规划、人力资源管理等方面无法投入太多的精力，企业管理方式通常是根据具体的运作需求摸索出来的，具有明显的企业个性化特征。中小企业在发展规模扩大或进入新的发展阶段后，将面临着企业战略规划、组织结构调整、企业文化建设、人力资源管理等新问题，而早期摸索出来的管理方式已经无法满足企业的发展需求。中小企业需要参考战略规划、组织结构、集团管控、企业文化、人力资源、市场营销等标准化的管理模型以及行业内在相关模块有成功实践的标杆案例，以制定适应企业发展需求的管理制度。中小企业有限的管理咨询预算使其对于管理大数据提供的管理升级服务具有强烈的需求。

（2）解决方案：管理大数据为企业的管理升级提供管理诊断与治理服务。

管理大数据平台利用云计算、大数据＋算法、区块链等技术整合来自37个重点行业的企业、第三方数据平台以及互联网渠道的管理大数据，将管理理论与企业的管理现状相融合形成适用于各行业的管理模型，包括战略规划、组织结构、集团管控、企业文化、人力资源、市场营销等标准化理论体系。管理大数据平台的管理洞察类产品能够深入整合行业和企业的管理大数据，为企业提供行业指数分析、标杆案例研究、管理健康度分析、管理洞察报告等产品和服务。管理大数据能够为企业的管理升级提供兼具标准化和个性化的管理诊断与治理服务。未来，管理大数据与 AI 技术的结合将实现企业管理诊断与治理服务的智能化和自动化，企业不仅能够在 AI 咨询平台上获取管理模型和标杆案例等标准化产品，而且能够根据本企业的管理数据寻求个性化管理咨询服务。

（3）应用范围：重点行业的大型国有企业和中小型企业。

管理大数据适用于期望应用企业管理类大数据谋求管理转型的国有大型企业以及面临管理提升问题的中小型企业，包括城投、金融、投资、物流、钢铁、煤炭、建材、房地产、公用事业在内的 37 个重点行业。

（4）应用场景：为企业提供可量化、易操作的管理诊断与治理服务。

场景一：某大型国有企业面临着产权结构不合理的问题，无法有效管理旗下的几十个子公司。该集团曾采取多元化战略，频繁进入当时市场需求旺盛的行业，在能赚快钱的行业设立子公司。然而，在市场的刚性需求得到满足后，很多子公司反而成了累赘，因为这些子公司只是依靠机会在短期内给集团创造了利润，却缺乏产品创新能力和成本竞争力，长期发展下去必然需要集团总部用巨额补贴支撑其生存。该国有大型企业具有产权结构调整的需求，需要在集团战略管理、集团文化管理、集团组织管理、集团监控管理和集团运营管理等方面制订明确的中长期发展规划，以指导整个集团的经营活动。管理大数据平台能够为该集团企业提供集团管控的管理模型和标杆案例等服务，为其调整产业结构提供参考。

场景二：某大型国有企业在用人制度方面存在着问题。该国有企业建立了干部能上能下的人才培养机制以及排除内部关系网络的竞争规则，但是这些机制和规则的实际运作效果并不明显，企业内部论资排辈和人际关系腐败的问题严重，严重削弱了内部人才培养和晋升机制的激励效果。该国有企业计划加大力度改革用人制度，希望参考人力资源管理模型以及其他企业的人事管理制度，为本企业的用人制度改革提供参考。管理大数据平台能够为该国企提供融合标准理论与企业实践的人力资源管理模型和标杆案例，同时能够针对该国企的人事管理现状提供诊断和咨询服务。

场景三：某小型企业在发展早期建立了企业的 CIS（企业形象识别系统）系统，进入新的发展阶段后有必要进行企业文化建设。但是，该企业的文化建设过于追求文化理念的描述形式，客观上造成了企业"泛文化"现象的泛滥，直接导致了员工不能清晰地理解本企业的文化内涵。该企业希望推进文化建设落地，但企业高层对于如何推进文化建设落地非常困惑。管理大数据平台积累了丰富的企业文化类管理大数据，利用大数据挖掘和分析技术开发出可量化、易操作的企业文化管理模型以及标杆案例等产品，并能为该企业提供个性化的企业文化诊断和咨询服务，帮助该企业顺利推进企业文化建设落地。

（5）应用效果：管理大数据帮助企业提升核心竞争力。

管理大数据平台利用大数据处理技术挖掘和分析大量的企业管理大数据，开发出包括战略规划、组织结构、集团管控、企业文化、人力资源和市场营销在内的管理模型，融合标准化的企业管理理论和企业管理实践，为企业提供标杆案例研究、行业指数分析、管理健康度分析、管理洞察报告等服务。管理大数据的应用减小了企业管理升级的盲目性，能够帮助企业提升核心竞争力。管理大数据与 AI 技术的有效结合将提高企业管理咨询的便捷性并降低管理咨询的成本，让更多的企业特别是中小企业获得标准化与个性化相结合的管理咨询服务。

7.3 管理大数据，发现企业的关系图谱

目前，市场上的查询类企业不在少数，但是大部分企业查询产品都只简单展示所要查询的企业数据，完全陷入了同质化竞争，只有少数产品能提供企业的外部关联关系及内部管理关系等内容的查询服务。

（1）用户痛点：如何在发展关键期发现企业的商业关系。

企业发展过程中积累了大量的涉及战略规划、企业文化、人力资源、集团管控、组织结构、市场营销等管理数据，挖掘企业管理数据之间的关系，以图谱形式展现出来，能够让企业管理脉络更加明晰，摸清改革脉搏，更加准确、有效地实施管理策略。

企业在发展的关键期往往有明确本企业的外部关联关系和内部管理关系的需求。企业在进入发展的瓶颈期后，希望能够借助管理类大数据全面诊断发展桎梏，包括企业的战略规划、企业文化、集团管控、组织结构、人力资源及市场营销等方面的问题。企业想要开拓新市场或进行产业升级时，希望直观了解行业现状和评判转型风险，包括掌握行业环境、宏观环境、竞争对手现状、发展前景等。企业在业务发展的上升期，需要寻找关联业务的合作伙伴，希望借助管理类大数据了解目标伙伴的信用、业务、综合实力等相关信息，以降低合作风险。

（2）解决方案：管理大数据汇集并关联海量企业信息。

管理大数据平台基于管理指标体系建立企业关系模型，汇集并关联海量的企业信息，用可视化的动态关系图来展示企业关联信息，结合机器学

习不断丰富实体和关系，提升展示关系的复杂度，增加表现层面，为企业提供多角度查询服务和深层关系挖掘服务，解决企业之间的信息不对称问题。

（3）应用范围：有发现商业关系需求的任何企业。

管理大数据适用于有全面诊断企业发展桎梏、直观了解行业现状、寻找业务合作伙伴等需求的企业用户，包括城投、金融、投资、物流、钢铁、煤炭、建材、房地产、公用事业在内的 37 个重点行业的国有大型企业以及中小型企业。

（4）应用场景：企业在转型、扩张和兼并重组过程中需要知识支持。

某企业计划开辟新业务，需要了解市场上有同类业务的企业的产业链条情况、新业务的市场空间、开拓新业务的成本和预估收益等信息，以准确规划新业务的战略布局。该企业可以在管理大数据平台上将业务信息添加到企业知识图谱，触发"业务信息关联"引擎，与所查询业务有一定关联的对标企业和信息都将被呈现给该企业，该企业可以选择要查看的企业及上下游业务链条信息。

（5）应用效果：管理大数据为企业提供知识支持。

管理大数据平台按照企业关系模型将海量企业信息关联起来，解决企业间的信息不对称问题，为正在转型、扩张或兼并重组的企业提供知识支持，发现企业内部管理关系和外部商业关系，以明确企业的管理脉络和发展方向，为企业更加有效地制订和实施管理决策提供管理大数据支撑。

7.4 管理大数据，提升产业链竞争力

从 2012 年开始，大数据逐渐走进各行各业。以建筑产业为例，物联

网、大数据、云计算、BIM（建筑信息模型）、电子商务等信息技术必将从支撑建筑产业发展向引领产业现代化变革跨越。中国建筑产业转型升级就是以互联化、集成化、数据化、智能化的信息化手段为有效支撑，通过技术创新与管理创新，带动企业与人员能力的提升，最终实现建造过程的精益、绿色、智能化，运维过程的智慧、低碳、集约化，建筑及基础设施产品的绿色、智能、宜居化。

（1）用户痛点：建筑项目和招投标的数据壁垒。

在传统建筑行业里，建筑项目彼此之间独立存在，每个建筑项目都会产生各种数据，数据规模会越来越庞大，但数据之间无法得到相互联结和有效利用。

1）在一个建筑项目中，甲方、承包商、咨询中介公司关注建筑项目的成本、质量、进度等内容数据，材料设备厂商关注建筑项目的进度数据和基于参与项目各方的行为数据，银行和政府关注项目过程中的企业数据和人员数据，以判断建筑企业的人员能力和企业竞争力。不同的利益主体需要通过各项数据来了解一个建筑项目的实际情况，然而，一个利益主体只能通过有限的渠道了解部分建筑数据，无法全面客观地掌握建筑项目的相关情况。

2）建筑行业的数据壁垒同样体现在建筑工程的招投标活动中。建设工程招投标交易活动的参与者包括招标方、投标方、政府监管部门、评标专家以及中介咨询机构，各参与方都需要掌握大量的信息，以顺利完成项目的招投标。招投标行业内由于存在信息不对称，导致项目流产的案例比比皆是。

首先，在招标文件（标底）编制阶段，标底（预算、控制价）是招标活动中的重要指标，造价咨询机构编制的预算是否合理，对于工程项目招投标能否成功起着至关重要的作用，也会对项目的施工以及结算产生一定的影响。工程预算需要掌握和预测建筑材料价格、国家政策及产业结构变化对人工成本的影响、气候因素对工程造价的影响，但是标底的设定尚缺乏全面的、精准的、及时的数据支撑。

其次，招投标活动中的围标串标现象普遍存在，如何发现、制止、处罚围标串标行为，也是建设行政主管部门长期以来研究的重要课题。在对企业的投标数据进行分析时，不仅要进行横向（同组投标企业）比较，更重要的是进行纵向（投标人历史投标行为和水平）分析，包括投标企业的历史投标报价水平、投标企业成本控制能力、技术标的习惯用语等，还要结合当时、当地（或一定区域范围和特定供应商）的建筑市场要素价格平均水平进行综合分析，整个过程需要挖掘和分析投标企业的历史数据及建筑市场的相关数据。

再次，目前的建设工程评标办法中，对于不平衡报价的判断基本上是基于投标人之间的平均报价，但如果出现几个企业围标的情况，这种判断标准就会出现偏差，清标过程应该引入真正意义上的市场价格，以其作为判断不平衡报价的参考依据。另外，对专家评委的个人打分习惯进行动态记录分析，比较该专家在某一项目中与同组其他专家平均打分水平差异，可以从一个侧面分析该专家评委的评标水平和公正性。

最后，从工作业绩、资料准确度、招标成功率、投诉率等角度对招投标的中介机构进行客观公正的评价，能够促进中介机构提高工作水平，对促进建设工程招投标活动顺利进行，维护建筑市场的公平、公开、公正具有重要意义。

3）建筑行业有推进信息化建设的需求。造价工程师在整个建筑项目中扮演信息沟通者的角色，在他们头脑里充满了各种各样的清单、定额的数据，这些在他们经验积累的基础上会变成信息。但是，一个造价工程师的离开，带走的知识和智慧是沉没成本，是企业无法弥补的损失。如何通过信息化的手段来提升数据的收集、信息的加工、知识的积累和产生智慧的能力是企业需要考虑的。此外，政府和业主对工程合理化的高要求以及行业竞争都刺激了建筑行业对信息化建设和数据的需求。

（2）解决方案：管理大数据打通建筑行业的数据壁垒。

在 DT 时代，每天都会产生大量的数据，新的数据很快会被更新的数据所掩盖，怎样才能在海量的数据中甄别出对自己有用的数据，是大数据时代面临的一个重要问题。建筑行业面临着建筑项目之间、各利益主体之间以及招投标过程中的数据壁垒问题，具有信息化建设和打通数据孤岛的需求。

管理大数据从这一痛点出发，通过复杂的大数据采集与分析技术，用数据洞察的方式来解决建筑行业招投标过程中的信息不对称问题，产业链上的每一个相关从业者都能得到自己想要的数据。管理大数据来源于互联网上大大小小的招投标网站、成千上万的政府以及各事业单位的采购数据，包括历史数据与实时数据。管理大数据以招投标为中心，挖掘各个环节中的数据，以内容和主体两条线进行数据的深度关联，找出数据之间的潜在联系，为各个利益相关方提供精准的、全方位的建筑行业分析报告。

（3）应用范围：建筑行业的利益相关方。

管理大数据能够打通建筑行业的数据孤岛，适用于关注建筑项目相关数据的政府、银行、甲方、承包商、咨询中介公司、材料设备厂商等相关方，以及招标方、投标方、政府监管部门、评标专家和中介咨询机构等招投标活动的相关方。

（4）应用场景：解决建筑行业招投标活动的信息不对称问题。

建筑工程的招投标活动需要借助管理大数据解决信息不对称问题，招标方、投标方、政府监管部门、评标专家和中介咨询机构都无法全面掌握招投标信息。

标底的编制需要考虑建筑材料价格、国家政策及产业结构变化对人工成本的影响、气候因素对工程造价的影响。目前，大多数造价咨询公司以及预算人员能够得到的建筑材料市场价格是造价管理部门公布的指导价，但此价格与市场的实际情况相比会有一定的滞后或偏差。建筑工程的人工成本分析需要结合多方面的因素，如本地的农民工流出流入情况、建筑工人中来自农村的人数比例、建筑工人的技术熟练程度、农村土地现状及农业用地变化、农村城镇化进程以及农村多种经营发展状况等。气候因素分析需要考虑南北方工程项目受气候因素影响的程度，北方地区的工程项目在冬季施工时要考虑低温天数、半成品保温成本、基础开挖成本、抗冻混凝土使用成本等对工程造价的影响；南方地区在雨季施工时需要根据降雨天数、降水量以及高温天数等信息，预判因降雨停工、汛期停工、高温施工作业劳动保护造成的成本变化。目前，对围标串标行为的判断是以标书的相似度为依据，但是这种判断手段可能因投标人的技术标来源相似或者一定区域和时间段内建筑市场的材料、人工、机械等成本价格差异不大而引起错判。

管理大数据平台能够利用大数据挖掘和分析技术，整合建筑材料价格、人工成本、气候因素、建筑需求、投标企业、中介机构等方面的历史数据和实时数据，为各个利益相关方提供精准的、全方位的招投标信息。

（5）应用效果：提升建筑行业的产业链竞争力。

数据壁垒和信息不对称问题严重阻碍了建筑行业的信息化建设和产业

链转型升级，建筑工程的招投标活动普遍存在效率低、周期长的问题，诸多建筑项目的海量数据无法得到有效的联结和利用，各利益相关方难以获得全面的、精准的建筑行业信息。

管理大数据能够提升建筑行业的产业链竞争力。管理大数据把项目、技术、人员、市场、利益相关方等维度的历史数据和实时数据联结起来，能有效提高建筑行业的数据利用效率和信息透明度，顺利完成建筑工程的招投标活动，推进建筑行业的信息化建设，改变整个建筑行业的生态链。

7.5 管理大数据，改变培养和留住人才的方式

大数据几乎已经渗透到各个行业和领域，成为商业变革和管理变革的新契机，将给经济、社会的发展带来翻天覆地的变化。人力资源管理作为管理学科的一部分，也正接受着大数据的洗礼，在当前情况下如何把握和对待大数据，实现人力资源管理的创新，是人力资源管理系统迫切需要探索的问题。人力资源管理包括人力资源规划、招聘与配置、培训与开发、绩效管理、薪酬管理及员工关系六大模块。六大模块之间相互联系、相辅相成，对解决企业人才的"留、选、育、用"问题具有极为关键的作用。

（1）用户痛点：如何精准地开展人力资源规划与管理工作。

当前企业的人力资源规划和管理工作大多具有主观臆断性，诸如预测企业的人员需求、判断应聘者的能力、员工的职业生涯管理、员工的培训开发与薪酬绩效等方面的人力资源管理工作缺乏大数据支撑，不能做到精准应对。

人力资源规划的主要任务是预测企业的人员需求，目前人员需求预测

所采用的工具主要有专家预测、回归分析、趋势分析和比率分析等，而这些常规工具不能对人员需求情况做到全面客观的预测。

企业的人才招聘存在一定的盲区和风险，一般采用网络招聘、校园定向招聘和现场招聘等形式招聘人才，招聘者只能大概了解求职者的专业情况、实习经历等半结构化数据，而对求职者的动手能力、专业技能掌握情况等一些重要的非结构化能力数据却并不太了解，对于员工的一些业绩完成时效、职称提升率更是全然不知。

员工职业生涯管理作为人力资源开发的重要组成部分，在企业的人力资源管理中发挥着重要作用，可以更加有效地开发和利用企业内部的人才资源，减少对外部招聘的依赖，增强员工对企业的忠诚度和向心力，提高工作的积极主动性。职业生涯管理需要准确了解员工的职业生涯规划和企业的人才培养需求，对员工开展有针对性的培养工作。然而，大多数企业采用问卷调查的方式了解员工的需求，没有充分利用企业的人力资源相关数据发现员工的职业生涯需求。

企业员工的薪酬绩效考核大多依赖有限的记录对被考核人进行主观评价，通过记录员工的出勤率、工作热情程度等通用型结构化和半结构化的基础数据与故障率、任务完成效率等岗位型的效率数据来确定员工对企业的贡献。这种主观考核方式无法客观、公正地衡量员工对企业的贡献，难以准确地通过薪酬激励手段提高员工的工作积极性。

（2）解决方案：管理大数据为人力资源规划与管理提供数据支撑。

在大数据时代，人力资源规划和管理需要以数据为基础。在人才招聘方面，企业除了通过常规的招聘渠道了解应聘者的信息外，还可以借助社交网络的大数据直接获取应聘者的各类信息，包括工作状况、生活状况、社会关系、能力和潜力开发等信息，从而形成与应聘者相关的立体信息集。在员工职业生涯规划方面，企业要尽量完整地收集员工的应聘岗位、晋升意愿以及职业规划等结构化与非结构化的数据信息，对这些信息进行量化分析，最终形成关于员工的立体信息集，为员工职业规划定位、职业引导和员工培训开发提供数据支撑。在薪酬绩效考核方面，企业需要全面收集和深入挖掘岗位相关数据，建立以数据为依托的人员考核和胜任力分析工具，使其不仅可以客观地肯定员工过去对企业的贡献，还可以对员工未来工作的改进提供量化指导。

管理大数据利用云计算、大数据＋算法、区块链技术，能够从社交网络、人才招聘网站、第三方研究机构和企业的系统中挖掘和分析人力资源规划和管理的相关数据信息，为企业提供兼具标准化和个性化的人力资源管理模型、关于企业员工的舆情监测以及企业人力资源管理状况的洞察服务。企业管理者可以确切地掌握每一位员工的各种真实情况和数据，包括员工的基本情况、受教育信息、工作经历、兴趣爱好、参与竞赛情况、任务完成效率和绩效成果等结构化和非结构化的基础数据，人力资源部就可以对员工的数量、质量、结构等作出客观的静态分析，对人员的流动性等作出精确的动态分析，随时预测空缺岗位的需求人数，查看其中哪些岗位可以通过企业内部培训来填充，哪些岗位必须通过企业外部招聘获得填充。人力资源部可以利用平台所产生的大量数据客观地确定绩效管理的方案，明确员工最关心的问题和最希望的解决途径等，有助于推动组织管理和绩效考核的透明化。企业所有的人事决策都以"事实 ＋ 数据"的形式进行，不仅可以客观地确定未来人力资源工作的重点，还可以确定具体的实施方案和计划。

（3）应用范围：各类型企业的人力资源规划与管理工作。

管理大数据适用于有人力资源规划和管理方式的创新需求的任何类型

的企业，包括城投、金融、投资、物流、钢铁、煤炭、建材、房地产、公用事业在内的 37 个重点行业的国有大型企业以及中小型企业。

（4）应用场景：人才招聘、员工职业生涯规划、员工薪酬绩效考核等人力资源规划和管理工作。

场景一：管理大数据帮助企业开展有针对性的员工培训。对于煤炭企业的煤矿挖掘机操作作业的专业技术人员来说，人力资源部可以从其业绩完成率等结构化的数据来反映其需要培训的内容。如果专业技术人员的业绩指标出现了下滑，人力资源部就可以针对问题进行数据的收集、整理与分析，深入挖掘根源数据，确定问题来源是专业技术知识的缺乏还是团队士气的不足，从而确定不同专业人员的培训计划。企业可以根据不同的情况，制订不同部门的培训计划、一般人员的培训计划、选送进修计划等。这样一来，人力资源管理部门就能对员工的培训做到游刃有余。

场景二：管理大数据使企业的薪酬激励措施精准地匹配员工。企业对员工的激励措施有物质激励、事业激励和感情激励，物质激励包括薪酬激励和福利激励，如基本工资、绩效奖金津贴和五险一金等。企业通常会出现物质激励不能做到客观公正，以及对某些优秀员工给予丰厚的物质激励仍然无法留住人才的现象。企业的激励措施要想精准地对接员工的需求，需要以管理大数据为基础，挖掘和分析企业员工的绩效考核成绩、职业发展规划、工作能力、潜力开发程度、自我实现需求等基础数据，针对员工的个性化需求采取相适应的激励措施。对那些长期服务于公司的员工要加大物质激励的力度，对那些在能力数据和潜力数据方面表现优秀的员工，仅仅采用丰厚的物质激励是远远不够的，还要采取多元化的激励手段，企业恰当地利用感情激励能够充分调动员工的工作热情，培养员工对企业的忠诚度和信任度，从而打造一支稳定的工作团队。

（5）应用效果：管理大数据提高人力资源规划和管理的效率。

管理大数据利用云计算、大数据＋算法、区块链技术挖掘和分析围绕企业的整个运作过程和员工相关情况的基础数据，为企业的人才招聘、员工职业生涯管理、员工薪酬绩效考核及激励等工作提供管理大数据的支撑，企业能够借助管理大数据全面掌握员工的信息，主动为员工提供"量身定做"的人事服务，提高人力资源规划和管理工作的公正性、精准性和可行性，帮助员工胜任工作并发掘员工的最大潜能，保证人才队伍的稳定。管理大数据能够帮助企业逐渐形成科学合理的人力资源规划和管理制度，提高企业的竞争力。

7.6　管理大数据，助力企业实现精准营销

随着互联网和电子商务的快速发展，淘宝、天猫、京东等网购电商平台严重瓜分了实体商业的消费市场，实体商业面临着销量下降甚至是关门歇业的发展窘态。实体商业纷纷改变以商场或店面为主要载体的发展模式，开始探索线上营销与线下体验相结合的O2O发展模式，借助管理大数据实现精准营销，向线上线下一体化转型。

（1）用户痛点：如何使管理大数据成为实体商业的转型工具。

1）实体商业对消费行为认知能力不足，产品营销缺乏数据支撑。

中国大多数的商业综合体仍然依赖单一的购买渠道以及单向的促销活动来运营，传统商场将商家管理、货品管理、业态组合和降价促销作为吸引消费者的手段，却没有对消费行为的完整认知，没有整合与分析消费者相关数据的能力，因不能识别潜在客户的精准需求，处于被动经营的状态，数据不对称使得商场的营销成本不断上涨，无法制订出可以精准地满

足消费者需求的营销策略。

2）实体商业的业态同质化竞争严重，与电子商务相比竞争不力。

实体商业中商家与商家之间的独立运营割裂了商场的完整性，商家各自独立的会员系统以及停车系统与会员消费的分离导致商家甚至商场无法对消费者形成全面而有效的了解。商场之间互相模仿运营模式，其竞争局限于大同小异的业态组合、打折促销等方面，难以具备与电子商务相匹敌的竞争能力。

3）开辟线上销售渠道的实体商业缺乏整合线上线下数据的能力。

在电子商务浪潮的带动下，实体商业相继开辟线上销售渠道，希望能将线下的商务机会与互联网相结合，线上平台向消费者提供商铺和商品的详细信息，并将线上消费者引流到线下商铺，以线上线下相结合的方式实现转型升级。然而，各商场及品牌商家之间存在着应用分散、数据壁垒多且缺乏有效整合的问题，如何应用大数据进行精准营销是实体商业实现转型升级的关键一步。

（2）解决方案：管理大数据通过消费者画像和企业画像实现精准营销。

管理大数据平台基于到店设备信息和海量优质的第三方数据源，捕捉完整的线上线下用户行为轨迹，放大管理大数据交叉价值和效益，发掘用户需求规律。管理大数据平台基于顾客意向度挖掘模型、商品扫描分析来监测客流指数，包括门店业绩分析、新老客户占比、到店时间、到店次数、门店间关联分析等，可以监测营销效果、发现市场机会、提升门店管理效率。管理大数据平台利用大数据处理技术挖掘消费者的支付、出行、消费、搜索、社交等设备 ID 的数据生态圈，围绕目标消费者的品牌喜好、兴趣爱好、关注焦点、活动范围等要素为消费者画像，帮助门店或商场了解品牌受众、优化品牌定位、辅助经营决策。管理大数据平台不仅能够为实体商业提供客流分析和消费者画像等服务，还能够基于所挖掘的消费者的到店时间记录、停留时长记录、消费记录及商品扫描记录等信息，分析消费者的消费频率、购物喜好、价格范围等消费行为信息，在线上通过定期发送优惠券、满减活动、会员活动和推荐商品来引导消费者到店，基于到店顾客精准投放广告，确保每一笔数字营销投入都能得到可量化的产出。

管理大数据平台能够利用大数据处理技术为实体商业中的企业画像，挖掘和分析企业的产品设计、生产运作、线上线下营销等方面的管理类数据，对接用户画像中的消费者行为和市场机会，以及市场营销管理模型和标杆案例，从信息系统建设、业务流程再造、管理模式变革、营销策略调整等方面给予实体商业企业以综合的解决方案，提升实体商业的企业整合线上线下数据的能力，助力实体商业的企业实现精准营销。

（3）应用范围：适用于实体商业的全业态分析。

管理大数据适用于实体商业的全业态分析，包括消费者、生产企业、门店、商场、品牌、行业等各个方面。管理大数据利用云计算、大数据＋算法、区块链技术，能够为实体商业提供详尽的客流分析报告、消费者画像和企业画像，对接消费者行为数据、市场需求数据和企业市场营销数据等多层分析数据，为实体商业的企业提供精准营销解决方案。

（4）应用场景：实体商业的目标消费者定位、市场营销、企业画像。

在电子商务浪潮的冲击下，某大型电器商城面临着客流量减少、实际购买量减少、营业额大幅下降等困境。该电器商城及时开通线上电器零售渠道，同时对线下门店进行科技改造，在线下门店为顾客提供产品展示和互动体验服务，线上入口具备电子商务、社交分享、用户画像和数据管理等功能，线上入口为线下门店引入客户流量，线下门店留存顾客偏好数据带动线上的升级，期望实现线上线下销售渠道的融合发展。然而，该电器商城在实际经营过程中因线上零售的用户体验差、物流不通畅、退换货流程烦琐，以及线下门店的产品体验没有真正与线上零售实现一体化等问题而遭遇转型瓶颈。究其原因，一方面是该电器商城没有完全打通线上线下的数据系统，线上线下的消费者行为数据没有得到有效集成；另一方面是该电器商城的线上线下管理模式没有做到有机融合。管理大数据能够挖掘和分析该电器商城的线上线下数据，为消费者和企业画像，洞察该电器商城的市场营销问题，提出综合性的解决方案，助其实现精准营销。

（5）应用效果：管理大数据助力实体商业的转型升级和精准营销。

管理大数据通过挖掘和分析消费者行为数据以及门店或商场的线上线下运营数据，能够实现品牌、消费者、门店或商场、企业之间数据的高效流动，帮助实体商业提升线上线下数据整合能力，充分利用线上线下累积的海量数据以实现精准营销，打造基于多业态、场景化消费体验的生态闭环。

7.7 管理大数据，拥抱 AI 咨询

随着来自物联网、暗物质分析和其他来源的新信号激增，数据将增长得更快。从商业角度来看，这种爆炸式增长将转化为比以往任何时候都更有潜在价值的数据源。除了使用传统分析技术揭开新洞见的潜力之外，这些结构化数据以及大量驻留在深度网络中的非结构化数据，对机器智能的进步至关重要。机器系统消耗的数据越多，通过发现关系、模式和潜在暗示，它们就能变得"更聪明"。要想有效管理快速增长的数据量，就必须

用高级方法来掌握数据，处理数据资产成为机器智能目标的关键组成部分。

（1）用户痛点：如何将管理大数据用于低成本的管理咨询。

在大数据时代，大数据是人工智能的基础。企业主要有两方面的需求痛点：一是如何将企业运作过程中产生的海量数据资源转化为数据资产，二是是否能借助先进的 AI 技术降低企业管理咨询的准入门槛和成本。

数字经济 2.0 时代的核心是 DT 化，数据成为驱动商业模式创新和发展的核心力量。数据在未来将成为新经济的核心生产资料，发掘数据价值的技术成本降低后，数据可用于全局流程和价值优化，数据业务化将产生新的社会经济价值。数据总量的爆炸性增长带来了大数据存储、分析和有效使用的难题，当前世界各大公司存储的数据中有约 52% 的价值模糊的暗数据，有约 33% 的历史数据难以被有效地发掘利用。传统企业按照业务的不同来划分组织结构，各个部门只掌握着自己部门的数据，数据系统由各个部门独立开发的不同的数据库和操作系统组成，各个部门的数据孤立分散在各封闭系统中，部门之间也因缺乏业务交叉而形成了数据交换的组织壁垒。数据分散在不同部门，造成了部门间信息不对称、传输成本高、交换效率低、出错系数大等问题，加大了企业内部的管理难度，降低了企业数据的管理价值和经济价值。充分挖掘和有效利用企业内部的管理类大数据是企业在大数据时代提升核心竞争力的突破点。

数据孤岛增加了部门间、企业间甚至行业间的数据共享成本。数据总量中有较大规模的数据独立存在着，个人在衣、食、住、行、娱乐等活动中会产生大量数据，但因各应用逐渐存在数据壁垒而难以汇集起来；企业内部以及企业之间的数据因组织壁垒和数据垄断而难以开放和流通；

政府部门因信息化基础薄弱、分散存储以及系统之间难以实现互联互通而导致数据零散分布在各个离散系统中。传统行业所汇集的企业内部数据、政府各部门的数据以及互联网企业存储的各类型数据都难以在更大范围内进行数据的交换和共享，在各行业或各领域内形成一个个数据孤岛，增加了跨部门、跨企业、跨行业间的数据共享成本。企业有利用管理大数据实现数据资源共享，并结合 AI 技术实现低成本管理咨询的需求。

（2）解决方案：管理大数据结合 AI 技术实现 AI 咨询。

管理大数据平台运用云计算、大数据＋算法、区块链等技术，通过军犬系列数据采集系统进行文本挖掘，从 37 个重点行业的企业、互联网、行业协会、政府主管部门、专家学者、咨询师、高校、券商、投行、咨询同行、合作站点和数据公司等诸多渠道挖掘和处理数据，形成管理大数据仓库，为客户提供标准化和定制化的大数据处理和管理咨询服务，打通企业与企业之间以及行业与行业之间的数据孤岛，实现了数据资源的开放共享，使管理咨询业务具有小型化、专业化、个性化和智能化的特征。

AI 技术的应用能够大大提高挖掘和处理数据的效率，降低管理咨询的成本。模式识别、问题求解、自然语言理解、自动定理证明、机器视觉、专家系统、机器学习、机器人等 AI 技术的发展为 AI 咨询提供了技术支持。机器智能可以提供深度的、可操作的可视性，不仅是针对已发生的事情，还有正在发生和即将发生的事情。应用机器智能将需要一种新的数据分析思考方式，它不仅仅是一种创建静态报告的手段，也是一种利用更大、更多样的数据语料库来自动执行任务和提高效率的方法。机器智能价值树的下一个层次是认知代理，即采用认知技术来与人进行交互的系统，它能提供复杂的信息或执行一些数字任务，可以通过处理账单或账户交互、应付技术支持方面的问题以及回答员工人力资源相关的问题来取代一些人类代理。机器学习、RPA（雷达性能分析器）和其他认知工具能够深入发挥特定领域的专业知识，如产业、功能等方面，然后自动化执行相关任务。以财务机器人为例，财务机器人可以自动进行信息录入、数据合并和汇总统计，代替财务流程中的手工高重复操作，根据既定业务逻辑识别财务流程中的优化点，具有精度高、不间断工作和监控记录存档的优势。

未来，管理大数据与机器人的结合将为企业提供兼具标准化和个性化的管理咨询服务，降低管理咨询成本和准入门槛。基于管理大数据平台的管理咨询机器人能够按照产品知识图谱自动收集和处理数据，定期产出可视化的全环境分析报告、舆情分析报告、行业指数等标准化管理咨询产品，还可以录入和分析某一企业的数据需求，在管理模型、标签体系、知识图谱等工具类产品的支持下为该企业提供个性化定制服务。

（3）应用范围：有管理咨询需求的各类型企业。

管理大数据和 AI 咨询适用于有大数据处理、大数据共享和管理咨询需求的任何类型的企业，包括城投、金融、投资、物流、钢铁、煤炭、建材、房地产、公用事业在内的 37 个重点行业的国有大型企业以及中小型企业。

（4）应用场景：数据共享、低成本的管理咨询。

某中等规模的企业在遭遇发展瓶颈后，希望重新制定战略发展规划以实现转型升级，但是，该企业没有足够的预算购买传统的管理咨询服务。该企业不仅可以用较低的成本在 AI 咨询平台上输入管理大数据需求，获取所需的全环境分析报告、战略规划管理模型、企业内外部舆情报告、行业指数、标杆案例等标准化产品和服务，还可以在 AI 咨询平台上录入本企业的管理类数据，获取关于本企业的管理诊断服务和战略规划的指导服务。

（5）应用效果：AI 咨询降低管理咨询成本和数据共享成本。

管理大数据与 AI 技术相结合的 AI 咨询平台将实现管理咨询的智能化，企业能够在 AI 咨询平台上获取标准化的管理大数据产品和个性化的定制咨询服务。AI 咨询将打通部门间、企业间以及行业间的数据孤岛，加快数据共享的进程，降低管理咨询成本和准入门槛，有效满足企业特别是中小企业在发展过程中的管理升级需求，使高端咨询深入到中小微企业及个人，让高端咨询进入人人都能用得起的时代，充分发挥大数据的经济价值和管理价值。

参考文献

［1］彭作文，刘宇航．大数据分行业大解析［M］．北京：中国铁道出版社，2016．

［2］大数据战略重点实验室．重新定义大数据［M］．北京：机械工业出版社，2017．

附录一　贵阳市政府数据共享开放条例

（2017 年 1 月 24 日贵阳市第十三届人民代表大会常务委员会第四十八次通过　2017 年 3 月 30 日贵州省第十二届人民代表大会常务委员会第二十七次会议批准）

第一章　总　则

第一条　为了全面实施大数据战略行动，加快建设国家大数据（贵州）综合试验区，推动政府数据共享开放和开发应用，促进数字经济健康发展，提高政府治理能力和服务水平，激发市场活力和社会创造力，根据《中华人民共和国网络安全法》《贵州省大数据发展应用促进条例》和有关法律法规的规定，结合本市实际，制定本条例。

第二条　本市行政区域内政府数据共享、开放行为及其相关管理活动，适用本条例。

本条例所称政府数据，是指市、区（市、县）人民政府及其工作部门和派出机构、乡（镇）人民政府（以下简称行政机关）在依法履行职责过程中制作或者获取的，以一定形式记录、保存的各类数据资源。

本条例所称政府数据共享，是指行政机关因履行职责需要使用其他行政机关的政府数据或者为其他行政机关提供政府数据的行为。

本条例所称政府数据开放，是指行政机关面向公民、法人和其他组织提供政府数据的行为。

第三条 政府数据共享开放应当以问题和需求为导向，遵循统筹规划、全面推进、统一标准、便捷高效、主动提供、无偿服务、依法管理、安全可控的原则。

第四条 市人民政府统一领导全市政府数据共享开放工作，统筹协调政府数据共享开放工作的重大事项。区（市、县）人民政府领导本辖区政府数据共享开放工作。

市大数据行政主管部门负责全市政府数据共享开放的监督管理和指导工作。区（市、县）大数据行政主管部门负责本辖区政府数据共享开放的相关管理工作，业务上接受市大数据行政主管部门的监督指导。

其他行政机关应当在职责范围内，做好政府数据的采集汇聚、目录编制、数据提供、更新维护和安全管理等工作。

第五条 县级以上人民政府应当将政府数据共享开放工作纳入本辖区的国民经济和社会发展规划及年度计划。

政府数据共享开放工作所需经费纳入同级财政预算。

第六条 行政机关应当加强政府数据共享开放宣传教育、引导和推广，增强政府数据共享开放意识，提升全社会政府数据应用能力。

第七条 鼓励行政机关在政府数据共享开放工作中先行先试、探索创新。

对在政府数据共享开放工作中作出突出贡献的单位和个人，由县级以上人民政府按照规定给予表彰或者奖励。

第八条 实施政府数据共享开放，应当依法维护国家安全和社会公共安全，保守国家秘密、商业秘密，保护个人隐私。任何组织和个人不得利用共享、开放的政府数据进行违法犯罪活动。

第二章 数据采集汇聚

第九条 市人民政府依托"云上贵州"贵阳分平台，统一建设政府数据共享平台（以下简称共享平台）和政府数据开放平台（以下简称开放平台），用于汇聚、存储、共享、开放全市政府数据。

除法律法规另有规定外，"云上贵州"贵阳分平台、共享平台、开放平台应当按照规定与国家、贵州省的共享、开放平台互联互通。

共享平台和开放平台建设、运行、维护和管理的具体办法，由市人民政府制定。

第十条 行政机关应当将本辖区、本机关信息化系统纳入市级政府数据共享开放工作统筹管理，并且提供符合技术标准的访问接口与共享平台和开放平台对接。

第十一条 政府数据实行分级、分类目录管理。目录包括政府数据资源目录以及共享目录、开放目录。

行政机关应当依照国家、贵州省的政务信息资源目录编制指南以及标准，在职责范围内编制本辖区、本机关的目录，并且逐级上报大数据行政主管部门汇总。

目录应当经大数据行政主管部门审核、同级人民政府审定，市级共享目录、开放目录应当按照规定公布。

第十二条　行政机关应当按照技术规范，在职责范围内采集政府数据，进行处理后实时向共享平台汇聚。

采集政府数据涉及多个行政机关的，由相关行政机关按照规定的职责协同采集汇聚。

行政机关对其采集的政府数据依法享有管理权和使用权。

第十三条　行政机关应当对所提供的政府数据进行动态管理，确保数据真实、准确、完整。

因法律法规修改或者行政管理职能发生变化等涉及目录调整的，行政机关应当自情形发生之日起15日内更新；因经济、政治、文化、社会和生态文明等情况发生变化，涉及政府数据变化的，行政机关应当及时更新。

政府数据使用方对目录和获取的数据有疑义或者发现有错误的，应当及时反馈政府数据提供机关予以校核。

第三章　数据共享

第十四条　政府数据共享分为无条件共享、有条件共享。

无条件共享的政府数据，应当提供给所有行政机关共享使用；有条件共享的政府数据，仅提供给相关行政机关或者部分行政机关共享使用。

第十五条　无条件共享的政府数据，通过共享平台直接获取。

有条件共享的政府数据，数据需求机关根据授权通过共享平台获取；或者通过共享平台向数据提供机关提出申请，由数据提供机关自申请之日起10日内答复，同意的及时提供，不同意的说明理由。

数据提供机关不同意提供有条件共享的政府数据，数据需求机关因履行职责确需使用的，由市大数据行政主管部门协调处理。

第十六条 行政机关通过共享平台获取的文书类、证照类、合同类政府数据，与纸质文书原件具有同等效力，可以作为行政管理、服务和执法的依据。

行政机关办理公民、法人和其他组织的申请事项，凡是能够通过共享平台获取政府数据的，不得要求其重复提交，但法律法规规定不适用电子文书的除外。

第十七条 行政机关通过共享平台获取的政府数据，应当按照共享范围和使用用途用于本机关履行职责需要。

第四章 数据开放

第十八条 行政机关应当向社会开放下列情形以外的政府数据：

（一）涉及国家秘密的；

（二）涉及商业秘密的；

（三）涉及个人隐私的；

（四）法律法规规定不得开放的其他政府数据。

前款第一项至第三项规定的政府数据，依法已经解密或者经过脱敏、脱密等技术处理符合开放条件的，应当向社会开放。

第十九条 县级以上人民政府应当制定政府数据开放行动计划和年度工作计划，依照政府数据开放目录，通过开放平台主动向社会开放政府数据。

政府数据应当以可机读标准格式开放，公民、法人和其他组织可以在线访问、获取和利用。

第二十条 本条例施行之日起新增的政府数据，应当先行向社会开放。

信用、交通、医疗、卫生、就业、社保、地理、文化、教育、科技、资源、农业、环境、安监、金融、质量、统计、气象、企业登记监管等民生保障服务相关领域的政府数据，应当优先向社会开放。

社会公众和市场主体关注度、需求度高的政府数据，应当优先向社会开放。

第二十一条 公民、法人和其他组织认为应当列入开放目录未列入，或者应当开放未开放的政府数据，可以通过开放平台提出开放需求申请。政府数据提供机关应当自申请之日起10日内答复，同意的及时列入目录或者开放，不同意的说明理由。

公民、法人和其他组织对政府数据提供机关的答复有异议的，可以向市大数据行政主管部门提出复核申请，大数据行政主管部门应当自受理复核申请之日起10日内反馈复核结果。

第二十二条 县级以上人民政府应当建立政府与社会公众互动工作机制，通过开放平台、政府网站、移动数据服务门户等渠道，收集社会公众对政府数据开放的意见，定期进行分析，改进政府数据开放工作，提高政府数据开放服务能力。

第二十三条 行政机关应当通过政府购买服务、专项资金扶持和数据应用竞赛等方式，鼓励和支持公民、法人和其他组织利用政府数据创新产品、技术和服务，推动政府数据开放工作，提升政府数据应用水平。

县级以上人民政府可以采取项目资助、政策扶持等措施，引导基础好、有实力的企业利用政府数据进行示范应用，带动各类社会力量对包括政府数据在内的数据资源进行增值开发利用。

第五章　保障与监督

第二十四条　市人民政府应当依法建立健全政府数据安全管理制度和共享开放保密审查机制，其他行政机关和共享开放平台运行、维护单位应当落实安全保护技术措施，保障数据安全。

第二十五条　市大数据行政主管部门应当会同有关行政机关依法制定政府数据安全应急预案，定期开展安全测评、风险评估和应急演练。发生重大安全事故时，应当立即启动应急预案，及时采取应急措施。

第二十六条　市大数据行政主管部门应当定期组织行政机关工作人员开展政府数据共享开放培训和交流，提升共享开放业务能力和服务水平。

第二十七条　市人民政府应当制定考核办法，将政府数据共享开放工作纳入年度目标绩效考核，考核结果向社会公布。

第二十八条　县级以上人民政府应当定期开展政府数据共享开放工作评估，可以委托第三方开展评估，结果向社会公布。

鼓励第三方独立开展政府数据共享开放工作评估。

第二十九条　公民、法人和其他组织认为行政机关及其工作人员不依法履行政府数据共享开放职责的，可以向上级行政机关、监察机关或者市大数据行政主管部门投诉举报。收到投诉举报的机关应当及时调查处理，并且将处理结果反馈投诉举报人。

第六章　法律责任

第三十条　违反本条例规定，行政机关及其工作人员有下列行为之一的，由其上级机关或者监察机关责令限期改正，通报批评；逾期不改正的，对直接负责的主管人员和其他直接责任人员依法给予处分：

（一）不按照规定建设共享平台、开放平台的；

（二）不按照规定采集、更新政府数据的；

（三）不按照规定编制、更新目录的；

（四）不按照规定汇总、上报目录的；

（五）提供不真实、不准确、不完整政府数据的；

（六）不按照规定受理、答复、复核或者反馈政府数据共享或者开放需求申请的；

（七）要求申请人重复提交能够通过共享平台获取政府数据的；

（八）无故不受理或者处理公民、法人和其他组织投诉举报的；

（九）违反本条例规定的其他行为。

第三十一条 违反本条例规定，在政府数据共享、开放过程中泄露国家秘密、商业秘密和个人隐私的，依照有关法律法规处罚。

第七章 附 则

第三十二条 法律、法规授权具有公共管理职能的事业单位和社会组织的数据共享开放行为及其相关活动，参照本条例执行。

供水、供电、供气、通信、民航、铁路、道路客运等公共服务企业数据的共享开放，可以参照本条例执行。

第三十三条 本条例自 2017 年 5 月 1 日起施行。

附录二　"中关村大数据产业联盟" 行业自律公约（草案）

第一章　总　则

第一条　遵照"落实国家战略、构建产业生态、倡导数据伦理、探寻数字文明"的宗旨，为配合建立我国大数据行业自律机制，规范行业从业者行为，依法促进和保障大数据行业健康发展，中关村大数据产业联盟（以下简称"联盟"），在中关村科技园区管委会的指导下，号召全体会员企业以及行业内其他从业者，制定并遵守本公约。

第二条　本公约所称大数据行业是指从事大数据基础设施、应用服务、分析服务、计算服务、数据资源服务和垂直行业融合及其他与大数据有关的科研、教育、服务等活动的行业的总称。

第三条　大数据行业自律的基本原则是爱国、守法、公平、诚信。

第四条　联盟倡议全行业从业者加入本公约，从维护国家和全行业整体利益的高度出发，积极推进行业自律，创造良好的行业发展环境。

第五条 中关村大数据产业联盟作为本公约的执行机构，负责组织实施本公约。

第二章 自律条款

第六条 自觉遵守国家有关大数据发展和管理的法律、法规和政策，积极推动大数据行业的职业道德建设和数据伦理建设。

第七条 鼓励、支持开展合法、公平、有序的行业竞争，反对采用不正当手段进行行业内竞争。

第八条 自觉维护大数据产业各方合作伙伴与用户的合法权益。保守用户数据隐私与商业秘密；不利用用户隐私数据从事任何与向用户作出的承诺无关的活动，不利用技术或其他优势侵犯合作伙伴或用户的合法权益。

第九条 大数据行业各类机构应自觉遵守国家有关大数据行业管理的各项规定，自觉履行大数据行业发展的自律义务：

（一）不窥视、不转让、不传播、不交易违反国家法律法规规定，以及未经用户授权的数据信息；

（二）坚决抵制行业境内外各类意图不明的数据类合作，包含但不限于业务、科研、学术与市场活动，坚决抵制"数据黑市"以及各类灰色业务；

（三）树立正确的"大数据主权观与责权观"，坚决抵制利用数据与大数据技术进行危害国家安全、经济环境与公民权益的各类非法活动，并充分利用自身大数据能力形成预防预警机制，积极发现主动汇报；

（四）坚决抵制行业内恶性竞争，遵守国家市场经济各项法律法规，遵循经济发展与商业行为规律，树立健康科学的发展观，积极开展行业内协同与合作，扶阳守正，形成合力，共同发展；

（五）引导大数据行业从业人员以及相关产业人员合法使用数据，增强数据道德意识与警惕意识，积极参加由联盟组织的大数据行业自律性学习、政策宣讲与解读、行业指引与技术规范讲解的等活动。

第十条　加强沟通协作，研究、探讨我国大数据行业发展战略，对我国大数据行业的建设、发展和管理提出政策和立法建议。

第十一条　支持采取各种有效方式，开展大数据行业科研、生产及服务等领域的协作，共同创造良好的行业发展环境。

第十二条　积极参与国际合作和交流，参与同行业国际规则的制定，自觉遵守我国签署的国际规则。

第十三条　自觉接受社会各界对本行业的监督和批评，共同抵制和纠正行业不正之风。

第三章　公约的执行

第十四条　中关村大数据产业联盟作为公约执行机构负责组织实施本公约，负责向公约成员单位传递大数据行业管理的法规、政策及行业自律信息，及时向政府主管部门反映成员单位的意愿和要求，维护成员单位的正当利益，组织实施大数据行业自律，并对成员单位遵守本公约的情况进行督促检查。

第十五条　本公约成员单位应充分尊重并自觉履行本公约的各项自律原则。

第十六条　公约成员之间发生争议时，争议各方应本着互谅互让的原则争取以协商的方式解决争议，也可以请求公约执行机构进行调解，自觉维护行业团结，维护行业整体利益。

第十七条 本公约成员单位违反本公约的，任何其他成员单位均有权及时向公约执行机构进行检举，要求公约执行机构进行调查；公约执行机构也可以直接进行调查，并将调查结果向全体成员单位公布。

第十八条 公约成员单位违反本公约，造成不良影响，经查证属实的，由公约执行机构视不同情况给予在公约成员单位内部通报或取消公约成员资格的处理。

第十九条 本公约所有成员单位均有权对公约执行机构执行本公约的合法性和公正性进行监督，有权向执行机构的主管部门中关村科技园区管理委员会，检举公约执行机构或其他工作人员违反本公约的行为。

第二十条 本公约执行机构及成员单位在实施和履行本公约过程中必须遵守国家有关法律、法规。

第四章 附 则

第二十一条 本公约经公约发起单位法定代表人或其委托的代表签字，并经由主管部门批准后生效，并在生效后的 30 日内由中关村大数据产业联盟向社会公布。

第二十二条 本公约生效期间，经公约执行机构或本公约十分之一以上成员单位提议，并经三分之二以上成员单位同意，可以对本公约进行修改。

第二十三条 中关村大数据产业联盟会员单位自愿首批加入本公约；国内其他大数据行业从业者接受本公约的自律规则，均可以申请加入本公约；本公约成员单位也可以退出本公约，并通知公约执行机构；公约执行机构定期公布加入及退出本公约的单位名单。

第二十四条　本公约成员单位可以在本公约之下发起制订各分支行业的自律协议，经公约成员单位同意后，作为本公约的附件公布实施。

第二十五条　本公约由中关村大数据产业联盟负责解释。

第二十六条　本公约自公布之日起施行。

附录三 大数据产业发展规划
（2016—2020 年）（节选）

工信部规〔2016〕412 号

四、重要任务和重大工程

（一）强化大数据技术产品研发

以应用为导向，突破大数据关键技术，推动产品和解决方案研发及产业化，创新技术服务模式，形成技术先进、生态完备的技术产品体系。

加快大数据关键技术研发。 围绕数据科学理论体系、大数据计算系统与分析、大数据应用模型等领域进行前瞻布局，加强大数据基础研究。发挥企业创新主体作用，整合产学研用资源优势联合攻关，研发大数据采集、传输、存储、管理、处理、分析、应用、可视化和安全等关键技术。突破大规模异构数据融合、集群资源调度、分布式文件系统等大数据基础技术，面向多任务的通用计算框架技术，以及流计算、图计算等计算引擎技术。支持深度学习、类脑计算、认知计算、区块链、虚拟现实等前沿技术创新，提升数据分析处理和知识发现能力。结合行业应用，研发大数据分析、理解、预测及决策支持与知识服务等智能数据应用技术。突破面向大数据的新型计算、存储、传感、通信等芯片及融合架构、内存计算、亿级并发、EB 级存储、绿色计算等技术，推动软硬件协同发展。

培育安全可控的大数据产品体系。以应用为牵引，自主研发和引进吸收并重，加快形成安全可控的大数据产品体系。重点突破面向大数据应用基础设施的核心信息技术设备、信息安全产品以及面向事务的新型关系数据库、列式数据库、NoSQL 数据库、大规模图数据库和新一代分布式计算平台等基础产品。加快研发新一代商业智能、数据挖掘、数据可视化、语义搜索等软件产品。结合数据生命周期管理需求，培育大数据采集与集成、大数据分析与挖掘、大数据交互感知、基于语义理解的数据资源管理等平台产品。面向重点行业应用需求，研发具有行业特征的大数据检索、分析、展示等技术产品，形成垂直领域成熟的大数据解决方案及服务。

创新大数据技术服务模式。加快大数据服务模式创新，培育数据即服务新模式和新业态，提升大数据服务能力，降低大数据应用门槛和成本。围绕数据全生命周期各阶段需求，发展数据采集、清洗、分析、交易、安全防护等技术服务。推进大数据与云计算服务模式融合，促进海量数据、大规模分布式计算和智能数据分析等公共云计算服务发展，提升第三方大数据技术服务能力。推动大数据技术服务与行业深度结合，培育面向垂直领域的大数据服务模式。

专栏1：大数据关键技术及产品研发与产业化工程

突破技术。支持大数据共性关键技术研究，实施云计算和大数

据重点专项等重大项目。着力突破服务器新型架构和绿色节能技术、海量多源异构数据的存储和管理技术、可信数据分析技术、面向大数据处理的多种计算模型及其编程框架等关键技术。

打造产品。以应用为导向，支持大数据产品研发，建立完善的大数据工具型、平台型和系统型产品体系，形成面向各行业的成熟大数据解决方案，推动大数据产品和解决方案研发及产业化。

树立品牌。支持我国大数据企业建设自主品牌，提升市场竞争力。引导企业加强产品质量管控，提高创新能力，鼓励企业加强战略合作。加强知识产权保护，推动自主知识产权标准产业化和国际化应用。培育一批国际知名的大数据产品和服务公司。

专栏 2：大数据服务能力提升工程

培育数据即服务模式。发展数据资源服务、在线数据服务、大数据平台服务等模式，支持企业充分整合、挖掘、利用自有数据或公共数据资源，面向具体需求和行业领域，开展数据分析、数据咨询等服务，形成按需提供数据服务的新模式。

支持第三方大数据服务。鼓励企业探索数据采集、数据清洗、数据交换等新商业模式，培育一批开展数据服务的新业态。支持弹性分布式计算、数据存储等基础数据处理云服务发展。加快发展面向大数据分析的在线机器学习、自然语言处理、图像理解、语音识别、空间分析、基因分析和大数据可视化等数据分析服务。开展第三方数据交易平台建设试点示范。

（二）深化工业大数据创新应用

加强工业大数据基础设施建设规划与布局，推动大数据在产品全生命周期和全产业链的应用，推进工业大数据与自动控制和感知硬件、工业核心软件、工业互联网、工业云和智能服务平台融合发展，形成数据驱动的工业发展新模式，支撑中国制造 2025 战略，探索建立工业大数据中心。

加快工业大数据基础设施建设。加快建设面向智能制造单元、智能工厂及物联网应用的低延时、高可靠、广覆盖的工业互联网，提升工业网络基础设施服务能力。加快工业传感器、射频识别（RFID）、光通信器件等数据采集设备的部署和应用，促进工业物联网标准体系建设，推动工业控制系统的升级改造，汇聚传感、控制、管理、运营等多源数据，提升产品、装备、企业的网络化、数字化和智能化水平。

推进工业大数据全流程应用。支持建设工业大数据平台，推动大数据在重点工业领域各环节应用，提升信息化和工业化深度融合发展水平，助推工业转型升级。加强研发设计大数据应用能力，利用大数据精准感知用户需求，促进基于数据和知识的创新设计，提升研发效率。加快生产制造大数据应用，通过大数据监控优化流水线作业，强化故障预测与健康管理，优化产品质量，降低能源消耗。提升经营管理大数据应用水平，提高人力、财务、生产制造、采购等关键经营环节业务集成水平，提升管理效率和决策水平，实现经营活动的智能化。推动客户服务大数据深度应用，促进大数据在售前、售中、售后服务中的创新应用。促进数据资源整合，打通各个环节数据链条，形成全流程的数据闭环。

培育数据驱动的制造业新模式。深化制造业与互联网融合发展，坚持创新驱动，加快工业大数据与物联网、云计算、信息物理系统等新兴技术在制造业领域的深度集成与应用，构建制造业企业大数据"双创"平台，培育新技术、新业态和新模式。利用大数据，推动"专精特新"中小企业参与产业链，与中国制造 2025、军民融合项目对接，促进协同设计和协同制造。大力发展基于大数据的个性化定制，推动发展顾客对工厂（C2M）等制造模式，提升制造过程智能化和柔性化程度。利用大数据加快发展制造即服务模式，促进生产型制造向服务型制造转变。

专栏 3：工业大数据创新发展工程

加强工业大数据关键技术研发及应用。加快大数据获取、存储、分析、挖掘、应用等关键技术在工业领域的应用，重点研究可编程逻辑控制器、高通量计算引擎、数据采集与监控等工控系统，开发新型工业大数据分析建模工具，开展工业大数据优秀产品、服务及应用案例的征集与宣传推广。

建设工业大数据公共服务平台，提升中小企业大数据运用能力。支持面向典型行业中小企业的工业大数据服务平台建设，实现行业数据资源的共享交换以及对产品、市场和经济运行的动态监控、预测预警，提升对中小企业的服务能力。

重点领域大数据平台建设及应用示范。支持面向航空航天装备、海洋工程装备及高技术船舶、先进轨道交通装备、节能与新能源汽车等离散制造企业，以及石油、化工、电力等流程制造企业集团的工业大数据平台开发和应用示范，整合集团数据资源，提升集团企业协同研发能力和集中管控水平。

探索工业大数据创新模式。支持建设一批工业大数据创新中心，推进企业、高校和科研院所共同探索工业大数据创新的新模式和新机制，推进工业大数据核心技术突破、产业标准建立、应用示范推广和专业人才培养引进，促进研究成果转化。

（三）促进行业大数据应用发展

加强大数据在重点行业领域的深入应用，促进跨行业大数据融合创新，在政府治理和民生服务中提升大数据运用能力，推动大数据与各行业领域的融合发展。

推动重点行业大数据应用。推动电信、能源、金融、商贸、农业、食品、文化创意、公共安全等行业领域大数据应用，推进行业数据资源的采集、整合、共享和利用，充分释放大数据在产业发展中的变革作用，加速传统行业经营管理方式变革、服务模式和商业模式创新及产业价值链体系重构。

促进跨行业大数据融合创新。打破体制机制障碍，打通数据孤岛，创新合作模式，培育交叉融合的大数据应用新业态。支持电信、互联网、工业、金融、健康、交通等信息化基础好的领域率先开展跨领域、跨行业的大数据应用，培育大数据应用新模式。支持大数据相关企业与传统行业加强技术和资源对接，共同探索多元化合作运营模式，推动大数据融合应用。

强化社会治理和公共服务大数据应用。以民生需求为导向，以电子政务和智慧城市建设为抓手，以数据集中和共享为途径，推动全国一体化的国家大数据中心建设，推进技术融合、业务融合、数据融合，实现跨层级、跨地域、跨系统、跨部门、跨业务的协同管理和服务。促进大数据在政务、交通、教育、健康、社保、就业等民生领域的应用，探索大众参与的数据治理模式，提升社会治理和城市管理能力，为群众提供智能、精准、高效、便捷的公共服务。促进大数据在市场主体监管与服务领域应用，建设基于大数据的重点行业运行分析服务平台，加强重点行业、骨干企业经济运行情况监测，提高行业运行监管和服务的时效性、精准性和前瞻性。促进政府数据和企业数据融合，为企业创新发展和社会治理提供有力支撑。

专栏 4：跨行业大数据应用推进工程

开展跨行业大数据试点示范。选择电信、互联网、工业、金融、交通、健康等数据资源丰富、信息化基础较好、应用需求迫切的重点行业领域，建设跨行业跨领域大数据平台。基于平台探索跨行业数据整合共享机制、数据共享范围、数据整合对接标准，研发数据及信息系统互操作技术，推动跨行业的数据资源整合集聚，开展跨行业大数据应用，选择应用范围广、应用效果良好的领域开展试点示范。

成立跨行业大数据推进组织。支持成立跨部门、跨行业、跨地域的大数据应用推进组织，联合开展政策、法律法规、技术和标准研究，加强跨行业大数据合作交流。

建设大数据融合应用试验床。建设跨行业大数据融合应用试验床，汇聚测试数据、分析软件和建模工具，为研发机构、大数据企业开展跨界联合研发提供环境。

（四）加快大数据产业主体培育

引导区域大数据发展布局，促进基于大数据的创新创业，培育一批大数据龙头企业和创新型中小企业，形成多层次、梯队化的创新主体和合理的产业布局，繁荣大数据生态。

利用大数据助推创新创业。鼓励资源丰富、技术先进的大数据领先企业建设大数据平台，开放平台数据、计算能力、开发环境等基础资源，降低创新创业成本。鼓励大型企业依托互联网"双创"平台，提供基于大数据的创新创业服务。组织开展算法大赛、应用创新大赛、众包众筹等活动，激发创新创业活力。支持大数据企业与科研机构深度合作，打通科技创新和产业化之间的通道，形成数据驱动的科研创新模式。

构建企业协同发展格局。支持龙头企业整合利用国内外技术、人才和专利等资源，加快大数据技术研发和产品创新，提高产品和服务的国际市场占有率和品牌影响力，形成一批具有国际竞争力的综合型和专业型龙头企业。支持中小企业深耕细分市场，加快服务模式创新和商业模式创新，提高中小企业的创新能力。鼓励生态链各环节企业加强合作，构建多方协作、互利共赢的产业生态，形成大中小企业协同发展的良好局面。

优化大数据产业区域布局。引导地方结合自身条件，突出区域特色优势，明确重点发展方向，深化大数据应用，合理定位，科学谋划，形成科学有序的产业分工和区域布局。在全国建设若干国家大数据综合试验区，在大数据制度创新、公共数据开放共享、大数据创新应用、大数据产业集聚、数据要素流通、数据中心整合、大数据国际交流合作等方面开展系统性探索试验，为全国大数据发展和应用积累经验。在大数据产业特色优势明显的地区建设一批大数据产业集聚区，创建大数据新型工业化产业示范基地，发挥产业集聚和协同作用，以点带面，引领全国大数据发展。统筹规划大数据跨区域布局，利用大数据推动信息共享、信息消费、资源对接、优势互补，促进区域经济社会协调发展。

专栏 5：大数据产业集聚区创建工程

建设一批大数据产业集聚区。支持地方根据自身特点和产业基础，突出优势，合理定位，创建一批大数据产业集聚区，形成若干大数据新型工业化产业示范基地。加强基础设施统筹整合，助推大数据创新创业，培育大数据骨干企业和中小企业，强化服务与应用，完善配套措施，构建良好产业生态。在大数据技术研发、行业应用、教育培训、政策保障等方面积极创新，培育壮大大数据产业，带动区域经济社会转型发展，形成科学有序的产业分工和区域布局。建立集聚区评价指标体系，开展定期评估。

（五）推进大数据标准体系建设

加强大数据标准化顶层设计，逐步完善标准体系，发挥标准化对产业发展的重要支撑作用。

加快大数据重点标准研制与推广。结合大数据产业发展需求，建立并不断完善涵盖基础、数据、技术、平台/工具、管理、安全和应用的大数据标准体系。加快基础通用国家标准和重点应用领域行业标准的研制。选择重点行业、领域、地区开展标准试验验证和试点示范，加强宣贯和实施。建立标准符合性评估体系，强化标准对市场培育、服务能力提升和行业管理的支撑作用。加强国家标准、行业标准和团体标准等各类标准之间的衔接配套。

积极参与大数据国际标准化工作。加强我国大数据标准化组织与相关国际组织的交流合作。组织我国产学研用资源，加快国际标准提案的推进工作。支持相关单位参与国际标准化工作并承担相关职务，承办国际标准化活动，扩大国际影响。

专栏6：大数据重点标准研制及应用示范工程

加快研制重点国家标准。围绕大数据标准化的重大需求，开展数据资源分类、开放共享、交易、标识、统计、产品评价、数据能力、数据安全等基础通用标准以及工业大数据等重点应用领域相关国家标准的研制。

建立验证检测平台。建立标准试验验证和符合性检测平台，重点开展数据开放共享、产品评价、数据能力成熟度、数据质量、数据安全等关键标准的试验验证和符合性检测。

开展标准应用示范。优先支持大数据综合试验区和大数据产业集聚区建立标准示范基地，开展重点标准的应用示范工作。

（六）完善大数据产业支撑体系

统筹布局大数据基础设施，建设大数据产业发展创新服务平台，建立大数据统计及发展评估体系，创造良好的产业发展环境。

合理布局大数据基础设施建设。引导地方政府和有关企业统筹布局数据中心建设，充分利用政府和社会现有数据中心资源，整合改造规模小、效率低、能耗高的分散数据中心，避免资源和空间的浪费。鼓励在大数据基础设施建设中广泛推广可再生能源、废弃设备回收等低碳环保方式，引导大数据基础设施体系向绿色集约、布局合理、规模适度、高速互联方向发展。加快网络基础设施建设升级，优化网络结构，提升互联互通质量。

构建大数据产业发展公共服务平台。充分利用和整合现有创新资源，形成一批大数据测试认证及公共服务平台。支持建立大数据相关开源社区等公共技术创新平台，鼓励开发者、企业、研究机构积极参与大数据开源项目，增强在开源社区的影响力，提升创新能力。

建立大数据发展评估体系。研究建立大数据产业发展评估体系，对我国及各地大数据资源建设状况、开放共享程度、产业发展能力、应用水平等进行监测、分析和评估，编制发布大数据产业发展指数，引导和评估全国大数据发展。

专栏7：大数据公共服务体系建设工程

建立大数据产业公共服务平台。提供政策咨询、共性技术支持、知识产权、投融资对接、品牌推广、人才培训、创业孵化等服务，推动大数据企业快速成长。

支持第三方机构建立测试认证平台。开展大数据可用性、可靠性、安全性和规模质量等方面的测试测评、认证评估等服务。建立大数据开源社区。以自主创新技术为核心，孵化培育本土大数据开源社区和开源项目，构建大数据产业生态。

（七）提升大数据安全保障能力

针对网络信息安全新形势，加强大数据安全技术产品研发，利用大数据完善安全管理机制，构建强有力的大数据安全保障体系。

加强大数据安全技术产品研发。重点研究大数据环境下的统一账号、认证、授权和审计体系及大数据加密和密级管理体系，突破差分隐私技术、多方安全计算、数据流动监控与追溯等关键技术。推广防泄露、防窃取、匿名化等大数据保护技术，研发大数据安全保护产品和解决方案。加强云平台虚拟机安全技术、虚拟化网络安全技术、云安全审计技术、云平台安全统一管理技术等大数据安全支撑技术研发及产业化，加强云计算、大数据基础软件系统漏洞挖掘和加固。

提升大数据对网络信息安全的支撑能力。综合运用多源数据，加强大数据挖掘分析，增强网络信息安全风险感知、预警和处置能力。加强基于大数据的新型信息安全产品研发，推动大数据技术在关键信息基础设施安全防护中的应用，保障金融、能源、电力、通信、交通等重要信息系统安全。建设网络信息安全态势感知大数据平台和国家工业控制系统安全监测与预警平台，促进网络信息安全威胁数据采集与共享，建立统一高效、协同联动的网络安全风险报告、情报共享和研判处置体系。

专栏 8：大数据安全保障工程

开展大数据安全产品研发与应用示范。支持相关企业、科研院所开展大数据全生命周期安全研究，研发数据来源可信、多源融合安全数据分析等新型安全技术，推动数据安全态势感知、安全事件

预警预测等新型安全产品研发和应用。

支持建设一批大数据安全攻防仿真实验室。研究建立软硬一体化的模拟环境，支持工业、能源、金融、电信、互联网等重点行业开展数据入侵、反入侵和网络攻防演练，提升数据安全防护水平和应急处置能力。

附录四　中源数聚"诺亚方舟"计划

大数据和人工智能技术在推动社会发展方面拥有巨大潜力，使用数据进行决策、洞见、预测、参与管理已经悄然展开。而对于众多企业而言，拥有繁杂的、多元的、跨界的、海量的数据，深度数据挖掘技术成为了众多企业和个人在数据使用上的一道鸿沟。此次，中源数聚（北京）信息科技有限公司（以下简称中源数聚）将自己建造的未来管理界最强、最成熟、最安全的大数据挖掘能力开放给业界，旨在建立一个以合作为中心的生态体系，发挥中源数聚在管理领域大数据处理和 AI 文本解析的技术优势，为合作伙伴赋能，以共享技术，实现商业共赢。

"诺亚方舟"计划，就是借用了诺亚方舟的故事，意在依托中源数聚管理大数据平台，聚集合作伙伴（使用方）的力量，推动传统领域数据资产管控和应用，共同打造管理界的数据生态，在人类技术大进阶时期组团取暖，保护传统型组织与个人在大数据时代的"重生"，这是推进管理学领域迈向下一个新纪元的伟大工程。

中源数聚招募社会各界组织和个人作为管理大数据生态共享的合作伙

伴，共同发现、挖掘、积累、利用大数据的资产，分享数据红利。

中源数聚提供大数据处理平台和人工智能问答平台。它包含了一套完整的软硬件和服务体系，主要有大数据采集平台、文本挖掘平台、标签管理平台、知识图谱平台、数据可视化平台、问答机器人平台和公有云平台，共七大部分：

开放时间节点：

2017 年 7 月，开放大数据采集平台、公有云平台。

2017 年 10 月，开放文本挖掘平台。

2017 年 10 月，开放标签管理平台。

2017 年 10 月，开放知识图谱平台。

2017 年 10 月，开放数据可视化平台。

2017 年 10 月，开放问答机器人平台。

2018 年前逐步开放管理大数据领域的数据资产全流程管控能力，并提供完整的测试环境和人工研判平台。中源数聚"诺亚方舟"计划如下图所示。

中源数聚┃"诺亚方舟"计划

数据资产管控平台

数据采集、清洗、识别、解析一站完成

文本/图片/语音/视频/地理位置数据
技术零投入　数据"秒"变现

开放平台使用有如下几个步骤：

1）合作洽谈

填写组织/个人信息及数据处理需求，相关人员将迅速与您联系。

2）自定义采集

依托开放平台强大的处理能力，您可以自行定义数据处理的内容，我们指导您完成数据采集、标签定义、数据研判等一系列数据挖掘活动。

3）实时审核监控

在数据处理过程中，您可在平台实时监控、审核数据质量。

4）交付数据

按照您的需求，交付高质量的数据，并且您将拥有该类数据永久的免费使用权。

中源数聚以开放共享作为价值标准，不盲目追求合作伙伴数量，不以营利为目标，与合作伙伴联手打造数据生态的绿色发展环境，让行业"因共享而共赢"。

想要了解"诺亚方舟"计划的详细情况，请联系赵先生。

邮箱：zy@ chn – source. com

联系电话：13426039879

附录五 中源数聚（北京）信息科技有限公司渠道招募简章

一、中源数聚简介

企业依托母公司近 20 年管理研究、管理咨询的知识和技术沉淀，在全球首创并运营"管理大数据"业务（已获得国家知识产权保护），开创了跨越行业壁垒的大数据业务，完善和丰富了大数据生态，拥有强大的管理研究、管理咨询、管理实践与大数据智囊团，建立了目前全球最大的管理大数据仓库，为企业提供急需的管理数据服务。管理大数据＋互联网＋人工智能，将彻底颠覆传统的管理咨询业务模式，显著降低企业的咨询成本，引领管理咨询行业进入"人人用得起"的时代。

二、什么是管理大数据

管理大数据是企业发展过程中不断积累的，涉及战略、法人治理、组织、人力资源、企业文化、风险控制等专业领域的各项管理数据。众多企业的管理数据整合到一起，可以形成多生态跨产业链垂直整合、横向共享的完整生态体系，具有"海量"的特征。

管理大数据具有三层含义：①管理数据；②海量；③智慧与人工智能。

三、管理大数据业务线图示

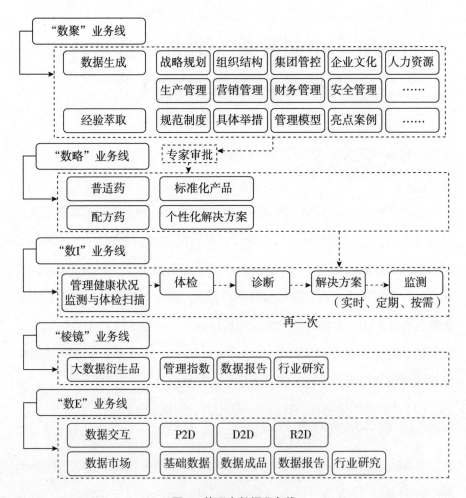

图1　管理大数据业务线

四、管理大数据业务线：A – TIPS

Data Aggregation（DA，侧重数据萃取与整合）

Data Tactic（DT，侧重解决方案）

Data Inspection（DI，侧重企业监测）

Data Popularization（DP，侧重数据产品知识普及）

Data Supply（DS，侧重数据交易）

（1）"数聚"业务线：Data Aggregation（DA，数据萃取与整合）。

"数聚"业务包括数据生成与经验萃取。

1）"数据生成"可以把众多企业发展过程中不断积累的各项管理数据整合到一起，形成跨产业链的完整数据生态体系，具有"海量"的特征。

2）"经验萃取"探究管理实践背后的思维逻辑与工作方法，不断将隐性管理知识显性化，形成规范制度、具体举措、管理模型、亮点案例等组织经验，实现数据资产更高效的流动与分配。

3）"数聚"业务还可提供会员企业健康服务管理服务。由会员企业提供数据实时采集，"数聚"系统进行分析后，实时推送管理预警与改进方案，以及管理运行建议等全生命周期的管理服务。针对非会员企业可以提供管理问题的扫描和管理健康体检等专项服务。

（2）"数略"业务线：Data Tactic（DT，解决方案）。

"数略"业务是中源数聚特有的解决方案"处方库"，由专家对"数聚"（DA）业务线形成的管理数据与组织经验进行分析后，提炼成包含"普适药"与"配方药"的各类型解决方案。

1）"普适药"即标准化解决方案，重在指导性。中源数聚基于各行业的海量数据积累和组织经验，为客户提供普适的标准化解决方案，用以指导企业结合自身特点形成个性化解决方案。

2）"配方药"即个性化解决方案，重在执行性。中源数聚通过深挖客户需求，结合客户相关数据，提供差异化服务，即通过对具体问题的分析和判断，直接为客户提供专属解决方案。

（3）"数 I"业务线：Data Inspection（DI，企业监测）。

"数 I"业务即管理状况监测与体检。中源数聚依托管理大数据平台，帮助客户评估管理现状（体检）、发现管理问题与成因（诊断）、设计解决方案（解决方案）、动态评估管理状态（监测）等全生命周期服务，为企业的健康可持续发展保驾护航。

1）体检即结合客户数据，为其管理状况进行扫描。

2）诊断即将相关理论与模型与机器学习等人工智能相结合，以更低的成本和更快的速度为客户提供管理诊断意见。

3）解决方案即通过调用"数略"（DT）业务线形成的"处方库"，为客户的痛点提供解决方案。

4）监测即针对症状，为客户提供实时、定期、按需等三种监测服务，及时跟踪管理改进状况。

管理大数据会员可在权益范围内循环享受"数 I"业务线的任意环节服务。非会员可按需选择不同环节的服务。

（4）"棱镜"业务线：Data Popularization（DP，数据产品知识普及）。

随着大数据时代的到来，理解数据、运用数据、相信数据成为企业发展的新动力，也是企业管理者迫切需要掌握的能力。

中源数聚依托"海量"管理数据，通过"棱镜"（DP）业务即专业研究平台的打造，形成管理指数、数据报告、行业研究等一系列数据衍生品，帮助企业快速挖掘数据背后的潜在价值，为其经营管理决策、投资决策提供科学和理性的决策依据。

（5）"数 E"业务线：Data Supply（DS，数据交易）。

"数 E"业务专注于管理大数据共享交易平台，主要包括两大功能：

1）数据交互。客户可通过 P2D（产品换数据）、D2D（数据换数据）、R2D（资源换数据）等方式，实现与管理大数据平台的数据交互，不断完善数据价值，共同打造开放、共享的数据生态圈。

2）数据市场。客户可通过管理大数据平台购买基础数据、数据成品、数据报告、行业研究等不同类别的产品。

五、渠道合作伙伴分类与主要政策

各级代理均为非独家代理，中源数聚不对代理设置考核指标，不需提供押金等约束条件。

如果希望做独家代理，代理条件另行商定。

一级代理（省级代理）资格：

（1）与当地中小企业局、工商联、各类协会等有较为广泛联系；有能力开发二级代理；有能力组织会议营销。

（2）可以直接招募管理大数据会员。直接招募会员可获得会费的 45%作为代理佣金。

（3）可以发展二级代理。通过二级代理发展的会员，一级代理可获得会费的 10%作为佣金。

（4）其他详见《管理大数据会员推广代理协议》《管理大数据二级代理开发协议》。

二级代理（地市代理）资格：

（1）与当地中小企业局、工商联、各类协会等有较为广泛联系，有能力组织会议营销。

（2）可以直接招募管理大数据会员。直接招募会员可获得会费的 35% 作为代理佣金。

（3）可以自行开发三级代理。中源数聚对此不做限制，与三级代理的代理佣金分成在相关协议范围内，由二级代理自行确定。

（4）其他详见《管理大数据会员推广代理协议》。

各级代理组织的会议营销，中源数聚依据《管理大数据会员推广代理协议》提供支持。

六、技术支持

各级代理在开发会员过程中遇到技术问题、政策问题等，可寻求中源数聚提供相关支持。

中源数聚（北京）信息科技有限公司

2017 年 6 月 12 日

后 记

朝前看：管理大数据的未来

    管理大数据的商业应用尚处于蓝海。管理大数据将用开放共享的互联网模式来打通数据孤岛，真正实现跨企业的异构数据共享，构建大数据生态体系，将数据价值转换成管理价值与经济价值。打造管理大数据产品体系不仅需要拥有数据挖掘和分析技术，而且要能够解读企业内外部的管理类数据，"互联网＋人工智能＋管理大数据"的模式对管理大数据平台的综合能力要求非常高。未来，管理大数据的商业应用将有巨大的市场价值，我国的经济结构调整和企业的转型升级令企业对管理大数据产生了广泛的需求，国有大型企业希望应用管理大数据实现管理转型，中小企业希望在低成本的管理大数据咨询指导下实现管理升级。管理大数据不仅能够实现传统咨询行业的转型升级，也能帮助更多企业实现组织变革、产业转型升级和供给侧改革。

    管理大数据将改变商业模式甚至是经济形态。虽然大数据技术的起步比较早，但是真正普及应用是从 2012 年开始的。大数据技术在未来将会影响全球企业经营和管理模式，各个企业间的业务数据、管理数据及行业数据将联结起来，实现管理大数据的共享。大数据是人工智能的基础，管理大数据与人工智能的结合将降低企业咨询成本和准入门槛，实现半自动和自动化咨询。企业的数据化管理是大势所趋，如果企业不能快速拥抱数据化变革，为迎接大数据时代的到来做好数据储备，将难以持续发展下去。未来产业体系的变化可能带来新的经济变革，新技术、新产业、新业态和新模式将以大数据为新的生产要素，以共享模式为新的生产方式，以技术应用为新的基础设施。

管理大数据将成为企业和社会关注的重要战略资源，"数据＋人工智能"将成为未来 5～10 年内的科技投资主线。管理大数据未来几年每年的市场规模可达 180 亿～230 亿元，智能咨询市场规模将超过 200 亿元。随着中国经济的进一步发展壮大，中小企业对管理数据、管理咨询的需求会得到更大释放，市场规模甚至有可能达到千亿元。然而，缺少深入行业的数据洞察能力、无法真正打通数据孤岛、大数据产业生态圈还未完整建立等是我国大数据变现的真正难题。管理大数据的发展也需要数据挖掘、机器学习和人工智能等相关技术和理论的发展支撑，以及管理大数据共享理念的广泛推广。

编　者

2017 年 6 月